ECKHARD MOTHES

Betriebswirtschaftliche Untersuchungen des Gebäudebedarfes landwirtschaftlicher Großbetriebe

WISSENSCHAFTLICHE ABHANDLUNGEN

Nr. 32

BETRIEBSWIRTSCHAFTLICHE UNTERSUCHUNGEN DES GEBÄUDEBEDARFES LANDWIRTSCHAFTLICHER GROSSBETRIEBE

von

ECKHARD MOTHES

DEUTSCHE AKADEMIE
DER LANDWIRTSCHAFTSWISSENSCHAFTEN ZU BERLIN

AKADEMIE-VERLAG · BERLIN
1958

Anschrift des Verfassers:

Dr. habil. Eckhard Mothes
Berlin-Lichtenberg
Scheffelstraße 37

Die vorliegende Arbeit wurde von der Landwirtschaftlich-Gärtnerischen Fakultät der Humboldt-Universität zu Berlin am 7. Dezember 1956 auf Grund der Gutachten der Herren Professoren Dr. SENNEWALD und Dr. STAHL als Habilitationsschrift angenommen.

1958
Herausgegeben von der Deutschen Akademie der Landwirtschaftswissenschaften zu Berlin
Vorgelegt von Herrn Prof. Dr.-Ing. H. Heyde, Berlin
Erschienen im Akademie-Verlag GmbH. Berlin W 8, Mohrenstraße 39
Kartengenehmigung MdI der DDR, Nr 4067
Lizenz-Nr. 202 · 100/288/58
Druck und Einband: Druckhaus „Maxim Gorki“, Altenburg
Bestell- und Verlagsnummer: 2068/32
Printed in Germany

Vorwort

Jede Bauplanung beginnt mit der Aufstellung des Raumprogrammes, wofür Angaben über Funktion, Größe, Gestaltung, Lage und Zuordnung der Räume notwendig sind. In der ersten Hälfte des 20. Jahrhunderts wurden Gehöftanlagen für landwirtschaftliche Großbetriebe nur selten neu errichtet, so daß kein Bedürfnis dafür bestand, allgemeine betriebswirtschaftliche Richtlinien für die Ermittlung des notwendigen Bauprogrammes aufzustellen.
Als im Jahre 1952 in größerem Umfang begonnen wurde, neue landwirtschaftliche Großbetriebe — Landwirtschaftliche Produktionsgenossenschaften — zu gründen und dafür die Wirtschaftsanlagen zu bauen, fehlten die entsprechenden Planungsgrundlagen. Das Forschungsinstitut für landwirtschaftliche Bauten der Deutschen Bauakademie Berlin begann deshalb bereits im Jahre 1953 Untersuchungen einzuleiten, um die betriebswirtschaftlichen Planungsgrundlagen für die Neu-, Um- und Erweiterungsbauten landwirtschaftlicher Großbetriebe zu schaffen. In der vorliegenden Arbeit sind die Ergebnisse der mehrjährigen Untersuchungen dargelegt, welche vornehmlich die typischen Verhältnisse der mitteldeutschen Landwirtschaft berücksichtigen.
Die Untersuchungen wurden im Mai 1956 abgeschlossen.

Berlin, im Oktober 1957

Eckhard Mothes

Inhaltsverzeichnis

Erklärung der Abkürzungen

In der vorliegenden Arbeit wurden Abkürzungen nach Möglichkeit vermieden. Sofern die verwendeten Abkürzungen nicht im Text erklärt oder allgemein verständlich sind, z. B. Maßeinheiten, bedeuten sie:

AL	Ackerland
GV	Großvieheinheit = 500 kg Lebendgewicht
LN	Landwirtschaftliche Nutzfläche
LPG	Landwirtschaftliche Produktionsgenossenschaft
MPS	Motor-PS
RGV	Rauhfutter verzehrende Großvieheinheit
VEG	Volkseigenes Gut
VO	Verordnung
ZK	Zugkrafteinheit
ZV	Zugvieheinheit.

In den Tabellen der vorliegenden Arbeit sind, soweit Zahlenangaben fehlen, die üblichen Symbole eingesetzt worden, wie sie unter A 7 in der „Sammlung statistischer Grundkenntnisse“ in „Statistische Praxis“ 8, Beilage, Heft 8, Berlin 1953, veröffentlicht sind. Danach bedeuten:

•	Zahl ist unbekannt
• • •	Die Zahl lag bei der Aufstellung der Tabelle noch nicht vor, ist aber zu erwarten
–	Die Zahl beträgt genau 0
○	Die Zahl ist kleiner als die Hälfte der verwendeten Einheit
×	Aus sachlichen Gründen kann keine Angabe gemacht werden.

„Ita aedifices,
ne villa fundum quaerat,
neve fundus villam.“ CATO

A. Situation und Problematik

Gebäude sind integrierende Bestandteile landwirtschaftlicher Betriebe und eine Grundvoraussetzung, um Landwirtschaft betreiben zu können. Ohne ausreichenden Gebäudebesatz ist die sachgemäße Bewirtschaftung eines landwirtschaftlichen Betriebes, vor allem in der intensiven Kulturwirtschaft, nicht möglich. Wie sich Landwirtschaft erst entwickeln konnte, nachdem in der Steinzeit feste Wohnsitze gegründet waren, so läßt sich von einem landwirtschaftlichen Betrieb erst dann sprechen, wenn außer Grund und Boden und erforderlichem Inventar auch die notwendigen Gebäude vorhanden sind.

Zu den Gebäuden im betriebswirtschaftlichen Sinne gehören nicht nur alle Hochbauten, wie Wohnbauten, Bauten für die Vorratshaltung, für die Tierhaltung und für die Landtechnik, sondern auch alle Tiefbauten und Grundstückseinrichtungen, wie Wege- und Hofbefestigungen, Düngerstätten, Umzäunungen oder Grenzmauern, Be- und Entwässerungsanlagen des Hof- und Gebäudekomplexes, sowie die Inneneinrichtungen der Bauten.

Die Landwirtschaftswissenschaft hat sich bisher nur relativ wenig mit Gebäudefragen auseinandergesetzt. Das Studium des betriebswirtschaftlichen Schrifttums zeigt, daß Bewertungsfragen und allgemeine Betrachtungen im Vordergrund des Interesses standen.

CATO (234–149 v. u. Z.) (14) empfiehlt, den Bau der Wirtschaftsgebäude lange zu überlegen. „Baue so, daß es den Gebäuden nicht an Grundstücken und den Grundstücken nicht an Gebäuden fehle.“ Er hält es für vorteilhaft, wenn ein Landwirt zweckmäßig gebaute Wirtschaftsgebäude hat. Auch VARRO (116 bis 28 v. u. Z.) (89) erinnert daran, wie notwendig es ist, daß die Gebäude weder zu groß noch zu klein sind. „Viele fehlten dadurch, daß sie die Größe der Wirtschaftsfläche nicht berücksichtigten. Die einen legten das Gehöft nicht groß genug an, die anderen größer, als es die Wirtschaftsfläche erforderte. Beides schädigt das Vermögen und den Ertrag. Zu große Gebäude sind nämlich teurer im Bau und erfordern größeren Aufwand zur Instandhaltung. Sind die Gebäude im Vergleich zur Wirtschaftsfläche zu klein, dann verderben die Früchte.“ Im übrigen vermerkt VARRO noch, daß die Gebäudearten den vorherrschenden Fruchtarten und den zu erwartenden Ernteerträgen entsprechen müssen. Bei VITRUV (91), der ein Zeitgenosse CÄSARs und AUGUSTUS' war und zehn Bücher über Architektur geschrieben hat, finden sich im VI., dem landwirtschaftlichen Bauwesen gewidmeten Buch, Hinweise darauf, daß die Größe der Wirtschaftsgebäude mit der Größe der Nutzfläche übereinstimmen muß. COLUMELLA (15), der unter NERO (54–68) lebte, geht im ersten seiner zwölf Bücher über die Landwirtschaft auch auf das Bauwesen ein, wobei er jedoch weniger die betriebswirtschaftlichen Gesichtspunkte erörtert als technische Einzelheiten des Baues von Betriebsgebäuden bespricht. Bei dem älteren PLINIUS (23–79) (69) finden wir folgenden Hinweis: „Modus hic probatur, ut neque fundus villam quaerat, neque villa fundum.“ (So ist das Verhältnis richtig, daß weder die landwirtschaftliche Nutzfläche die Gebäude noch die Gebäude die landwirtschaftliche Nutzfläche vermissen.) Im 4. Jahrhundert u. Z. lebte PALLADIUS (68), der 14 Bücher über den Landbau schrieb, wobei er auch die älteren römischen und griechischen Fachschriftsteller benutzt hat. Im Buch I, Kapitel 8, gibt er sehr aufschlußreiche betriebswirtschaftliche Hinweise über die Gebäude (De aedificio): „Das Gebäude muß entsprechend dem Wert des Bodens und entsprechend dem Vermögen des Herren (pro agri merito et pro fortuna domini) errichtet werden, weil ein maßloser Aufwand meist schwerer erhalten als gegründet werden kann. So muß man seine Größe kennen, damit es, wenn jemand in einen solchen Fall geraten sein wird, durch den Ertrag eines oder zweier Jahre des Ackers, auf dem es steht, wiederhergestellt wird.“ Im übrigen geht er auf Standortwahl und bautechnische Einzelheiten ein.

Für die römischen Schriftsteller ist das Wort geprägt worden: „Aut delectare aut prodesse volunt poetae.“ Es hat damals keine eigentlichen Fachschriftsteller gegeben. Die poetae haben sich allseitig betätigt. Sie schöpften dabei nicht nur aus ihren eigenen Erfahrungen, denn meistens waren sie auch Gutsbesitzer oder Bauern, sondern beachteten auch das Schrifttum der Vergangenheit. Somit ist der Schluß durchaus berechtigt, daß sie auch alles das berücksichtigten, was aus der Landwirtschaft Asiens, Ägyptens und Griechenlands bekannt war. Andererseits sind uns ihre Werke über das gesamte Mittelalter hinweg durch die Klöster überliefert worden. Bei dem starken Einfluß, den die Klöster auf ihre Zeit ausübten, werden die von den römischen Schriftstellern übermittelten Erkenntnisse bedeutsame Hinweise auch für die deutsche Landwirtschaft gegeben haben.

In der deutschen Literatur gewinnt für uns erst das wieder an Interesse, was im 19. und 20. Jahrhundert geschrieben wurde, als sich mit der starken Zunahme der Bevölkerung etwa ab 1800 die Landwirtschaftswissenschaft entwickelte.

Als der Begründer der modernen Landwirtschaft gilt Albrecht THAER (87). Über die Gebäude schreibt er: „Eine zweckmäßige Einrichtung und ein richtiges Verhältnis der Wirtschaftsgebäude gehört zur Vollkommenheit eines Gutes, und der Mangel daran wird durch eine übermäßige Größe derselben, die nichts weniger als wünschenswert für den Landwirt ist, bei weitem nicht ersetzt.“ 1854 weist HAMM (25) darauf hin, daß Klima und Wirtschaftssystem Ausmaß und Ausbildung der Gebäude beeinflussen. Im gleichen Jahre äußert sich PABST (67): „Was die Beurteilung des Bedarfes an Gebäuden betrifft, so hängt solcher von dem zugrunde liegenden oder zu legenden Wirtschaftsbetrieb, mit Rücksicht auf Größe und Erträge des Gutes, ab.“ Sehr bezeichnend dafür, wie vernachlässigt das Betriebsmittel Gebäude bereits vor 100 Jahren wurde, ist folgender Satz von ihm: „Was aber die Bauart und Stellung der Gebäude im Gehöft anbelangt, so trifft man hierin eine außerordentliche Verschiedenheit an, selten in jeder

Beziehung Musterhaftes, häufig mehr oder weniger mangelhafte und unökonomische Einrichtungen.“ Daran hat sich bis heute noch nichts geändert. Aber auch früher war es nicht viel anders, sind doch auf den Bildern des Mittelalters verschiedentlich nicht besonders gepflegte ländliche Gebäude zu sehen. Darin ist nicht allein ein Zeichen künstlerischer Romantik zu erblicken, sondern es spiegelt auch ein Stück Wirklichkeit wider.

Gegen Ende des 19. und zu Beginn des 20. Jahrhunderts erlangt eine neue Ansicht Bedeutung. 1890 schreibt SEELHORST (83): „Grund und Boden und Betriebskapital bringen gemeinschaftlich direkt einen Ertrag, die Gebäude bringen einen direkten Ertrag nicht hervor, ja schädigen den Reinertrag. Sie sind aber indirekt an der Hervorbringung des Ertrages beteiligt . . .“ STEINBRÜCK (85) sieht 1908 in den Gebäuden vornehmlich einen Bestandteil des Gutskapitals. Eine ähnliche Betrachtungsweise haben 1919 KRAFFT und FALKE (43). Sie geben zwar zu, daß die Gebäude einschließlich der Grundstücks- und Gebäudeeinrichtungen für fast jede landwirtschaftliche Erzeugung unentbehrlich sind, sie vertreten jedoch zugleich die Meinung, daß das Gebäudekapital nicht erzeugend ist und entgegen anderen Kapitalien auf die Wirtschaft belastend wirkt. Eine derartige Ansicht hat die grobe Vernachlässigung der Gebäude nur verschlimmert und nicht verbessert. Im übrigen trifft sie keineswegs zu, weil kein Betriebsmittel, sondern nur die Arbeit des Menschen Werte schaffen kann.

AEREBOE (1) reiht indessen 1923 die Gebäude bereits bei den Betriebsmitteln ein. Diese Meinung gilt auch heute noch. „Die Gebäude in unseren gemäßigten Breiten stellen die umfangreichsten und wertvollsten Inventarteile der Landgüter vor, so daß sie einen wesentlichen Teil des Gutes selbst ausmachen, dies sowohl dem Ansehen als auch dem Werte nach.“ AEREBOE (1) gibt auch allgemeine Hinweise, welche Faktoren den Gebäudebedarf beeinflussen: „Art und Umfang des Bedarfes an all diesen Aufbewahrungsräumen hängen in erster Linie vom Klima, in zweiter Linie von den jeweiligen wirtschaftlichen Verhältnissen ab.“ Im einzelnen erläutert er das bei den verschiedenen Gebäudearten. Sehr ausführlich äußert sich 1930 LAUR (50) über die Gebäude: „Das Gebäudekapital . . . unterstützt die Wirkung der Natur und der menschlichen Arbeit, ohne dabei mit seinen Stoffen und Kräften selbst in den Produktionsprozeß und in die landwirtschaftlichen Erzeugnisse überzugehen. Mit der Behauptung, das Gebäudekapital sei ein notwendiges Übel, gibt man aber eine falsche Vorstellung seines Wesens. Es ist so gut wie andere Kapitalien nützlich durch den Schutz vor Verlusten, den es bietet. Durch Einfahrten und andere zweckmäßige Einrichtungen kann es auch so gut wie eine Maschine oder eine Güterzusammenlegung Arbeit sparen.“ LAUR (50) setzt sich dann mit der finanziellen Seite der Gebäude auseinander. Von grundlegender Bedeutung für den Wirtschaftserfolg sei eine vorsichtige und sparsame Verwendung von Gebäudekapital, weil es durch Zinsanspruch, Reparatur, Amortisation, Versicherung und Steuern den Betrieb fortwährend belastet. Besonders hervorgehoben wird jedoch: „Die Einsparung an Gebäudekapital muß unter sorgfältiger Abwägung des Nutzeffektes geschehen.“

Die Finanzierung von Neubauten aus den laufenden Betriebsmitteln zu bestreiten, sei meist gefährlich. „Für Neubauten muß neues Kapital beschafft werden, das entweder dem nicht in der Landwirtschaft angelegten Vermögen des Betriebsleiters zu entnehmen oder durch neue Krediteröffnung zu gewinnen ist.“
Eine ausführliche betriebswirtschaftliche Betrachtung der Gebäude liegt 1932 von ROLFES (75) vor. Er hat den Gebäudewert und Gebäudebesatz einer größeren Zahl bäuerlicher Familienwirtschaften unter 40 ha LN untersucht. Dabei stellt er zwar verschiedene Gesichtspunkte heraus, die Einfluß auf den notwendigen Gebäudebesatz haben, wie natürliche Verhältnisse, Betriebsgröße und Betriebsform. Auf die Einzelwerte der jeweiligen Gebäudearten, die bei den verschiedenen Betriebsformen benötigt werden, geht er jedoch weniger ein.
In jüngster Zeit (1952) hat sich HECKL (26) eingehend mit dem Gebäudebedarf typischer Betriebsformen der Landwirtschaft in Österreich, der Schweiz und den USA befaßt. Er betont, daß der Baubedarf vom Betriebstyp und von der Betriebsgröße abhängt. Wie sich das im einzelnen auswirkt, zeigt er nicht. Dafür untersucht er das Verhältnis von Gebäudewert zum Einkommen, um auf diese Weise den Investitionsbedarf an Gebäuden zu ermitteln.
BUSCH (12) gibt 1954 an, daß der Umfang der Gebäude vom Klima, von der Betriebsrichtung, der Intensität und der Betriebsgröße abhängt. Das wird von ihm näher begründet. Einzelwerte gibt er jedoch nicht an.
Obwohl somit seit Jahrhunderten auf die Faktoren hingewiesen wird, die den Gebäudebedarf beeinflussen, steht noch nicht fest, welche Gebäudesubstanz notwendig ist, um optimal Landwirtschaft betreiben zu können. Diese Frage gewinnt um so mehr an Bedeutung, je mehr sich die Überzeugung durchsetzt, daß die Gebäude nicht „notwendiges Übel“ sind. Sie stellen wichtige Betriebsmittel dar, die im landwirtschaftlichen Betrieb

1. die Produktion durch Schutz gegen Witterung gestatten,
2. die Verluste in der Vorratshaltung mindern,
3. die Qualität der eingelagerten Produkte erhalten,
4. den Wertzuwachs der eingelagerten Produkte ermöglichen sollen, um sie unter günstigeren Verhältnissen dem Verbrauch zuzuführen,
5. Voraussetzungen für die termingerechte Verwendung von Saat- und Pflanzgut sowie Pflanzenschutz- und Düngemitteln bieten,
6. die Verluste in der tierischen Produktion mindern,
7. eine bessere Ausnutzung des Futters gewährleisten,
8. Einfluß auf die Bodenfruchtbarkeit durch Stalldünger- und Jauchegewinnung nehmen,
9. die Einsatzbereitschaft der landtechnischen Betriebsmittel erhöhen, weil sie deren Pflege und Reparatur erlauben und sie gegen Witterungseinflüsse schützen; ferner sollen sie
10. Arbeitserleichterung, Arbeitsverteilung und Arbeitsersparnis herbeiführen.

Um diese Aufgaben zu erfüllen, müssen die Gebäude quantitativ und qualitativ ausreichend vorhanden sein und richtig genutzt werden. Die Bausubstanz der deutschen Landwirtschaft ist gegenwärtig vielfach überaltert. Etwa 30% aller landwirtschaftlichen Betriebsgebäude sind über 100 Jahre alt. Sie werden wegen ihres relativ guten baulichen Zustandes noch benutzt, obwohl sie technisch überaltert sind und betriebswirtschaftlich wegen der inzwischen veränderten Betriebsorganisation vielfach nur noch bedingt Nutzen bringen. In den letzten 100 bis 200 Jahren sind auf Grund der Bemühungen von Züchtung, Agrikulturchemie, Betriebswirtschaft und Landtechnik die Erträge in Feld und Stall gestiegen. Als Folge davon zeigt sich verstärkter Platzbedarf in den Gebäuden. Zum anderen wird der Baubedarf durch den Wandel in der Betriebsgrößen- und -artenstruktur bedingt. Das landwirtschaftliche Bauwesen ist hinter diesen Entwicklungen zurückgeblieben. Nach den Ergebnissen der vorliegenden Arbeit hat die deutsche Landwirtschaft gegenwärtig ein quantitatives Defizit an Gebäudesubstanz von etwa 30%, das qualitative liegt noch höher.

Die Vernachlässigung der vorhandenen Gebäudesubstanz und der dadurch bedingte gewaltige Nachholebedarf ist in letzter Konsequenz eine Folge der Mechanisierung der Außenwirtschaft. KÖSTLIN (42) und KIRSTEIN (34) veröffentlichten sehr aufschlußreiche Angaben, wonach die deutsche Landwirtschaft in der ersten Hälfte des 20. Jahrhunderts etwa viermal soviel Geld für Maschinen und Geräte aufgewandt hat wie für Gebäude. Die fortgeschrittene und immer weiter fortschreitende Mechanisierung der Außenwirtschaft hat aber bei ständig abnehmendem relativen Arbeitsaufwand in der Feldwirtschaft ein gleichzeitiges relatives Ansteigen des Arbeitsaufwandes in der Innenwirtschaft zur Folge. Das arbeitswirtschaftliche Schwergewicht verlagert sich mehr und mehr in die Innenwirtschaft. Die Mechanisierung auch der dort stattfindenden Arbeitsprozesse wird zum unaufschiebbaren Gebot. Oftmals hindern unzweckmäßige Gebäude eine solche Entwicklung, so daß auch daraus der Landwirtschaft große Bauaufgaben erwachsen.

In der zweiten Hälfte des 20. Jahrhunderts wird infolgedessen eine umfangreiche Bautätigkeit in der Landwirtschaft nötig sein. In diesem Zusammenhange genügt es nicht mehr, daß sich die Landwirtschaftswissenschaft nur mit den Fragen der Bewertung der Gebäude und deren Zuordnung zu den einzelnen Kapitalposten auseinandersetzt. Viel wichtiger ist die Klärung der Frage, wie das Betriebsmittel Gebäude optimal unter den jeweils gegebenen betriebswirtschaftlichen Verhältnissen eingesetzt und genutzt wird.

Ein Teilgebiet dessen bildet die Frage, welchen Gebäudebedarf landwirtschaftliche Betriebe haben, um optimal wirtschaften zu können. Dieses Problem ist sehr alt, wird es doch schon aus der römischen Landwirtschaft überliefert. Mit Sicherheit läßt sich annehmen, daß diese Fragestellung besteht und bestehen bleibt, solange Landwirtschaft betrieben wird. In Zeiten erhöhter Bautätigkeit hat sie verstärkte Bedeutung.

Bisher liegen jedoch keinerlei exakte Untersuchungen vor, die Aufschluß über den Gebäudebedarf geben. Lediglich KRAFFT-FRUWIRTH (44), CORDS (16, 17) und NIEMKE (65) führen einige vereinzelte Erfahrungswerte an. Das Gesamtproblem ist aber noch nicht untersucht worden. Die Kenntnis des betriebswirtschaftlich notwendigen Gebäudebedarfes ist eine Grundvoraussetzung für die Planung von Gehöften und Wirtschaftsanlagen.

B. Die Untersuchung

Um den Bedarf landwirtschaftlicher Großbetriebe an erforderlichen Gebäuden unter unterschiedlichen betriebswirtschaftlichen Bedingungen zu ermitteln, war es notwendig, induktiv durch Untersuchungen in der landwirtschaftlichen Praxis die vorhandene Gebäudesubstanz festzustellen und, darauf sowie auf den neuesten landwirtschaftswissenschaftlichen Erkenntnissen aufbauend, den Gebäudebedarf rechnerisch zu ermitteln.

BLOHM (7) vertritt die Ansicht, alle betriebswirtschaftlichen Maßnahmen würden derart weitgehend von den individuellen Standortbedingungen des einzelnen Betriebes vorgeschrieben, daß sie sich schon auf engstem Raum von Betrieb zu Betrieb tiefgreifend ändern könnten. Zahl und Art der Faktoren, deren Auswirkung auf den betriebswirtschaftlichen Aufbau berücksichtigt werden muß, seien äußerst vielfältig und wandelbar.

Von entscheidendem Einfluß sind die individuellen Standortbedingungen auch auf den Gebäudebedarf landwirtschaftlicher Betriebe. Das wird von HECKL (28) bestätigt, der zu der Erkenntnis kam, daß die Zustände und Bedürfnisse im landwirtschaftlichen Bauwesen nur im Rahmen der naturbedingten Landbauzonen mit ähnlichen Anbauverhältnissen und innerhalb der geschichtlich und wirtschaftlich bedingten Siedlungszonen mit ähnlichen Bauverhältnissen verstanden und verglichen werden können. Innerhalb dieser gegebenen Grenzen sind wiederum nur gleiche Betriebsgrößentypen vergleichbar.

Eine Arbeit, die der Erforschung des Gebäudebedarfes landwirtschaftlicher Großbetriebe gewidmet ist, muß diesen Hauptgesichtspunkten Rechnung tragen. Bisher war noch unbekannt, welchen Einfluß individuelle Standortverhältnisse und spezielle betriebswirtschaftliche Maßnahmen auf den Gebäudebedarf der Landwirtschaft nehmen. Es wurden daher 40 landwirtschaftliche Großbetriebe untersucht, die unter verschiedenen Bedingungen wirtschaften und, wie aus Abb. 1 hervorgeht, gleichmäßig über das gesamte Gebiet der Deutschen Demokratischen Republik verteilt sind. Die 40 Betriebe bestehen aus 87 Betriebsteilen, die früher größtenteils selbständige Betriebe waren, jetzt aber zusammen bewirtschaftet werden.

Die untersuchten Betriebe haben eine alte bis sehr alte Bausubstanz, die, wie im einzelnen festgestellt werden konnte, zum größten Teil aus der zweiten Hälfte des 19. Jahrhunderts stammt, teilweise aber auch noch älter ist. Dabei war die Bausubstanz im Norden des Untersuchungsgebietes (Mecklenburg, Brandenburg) im allgemeinen jünger als im Süden (Sachsen, Thüringen). Die ältesten

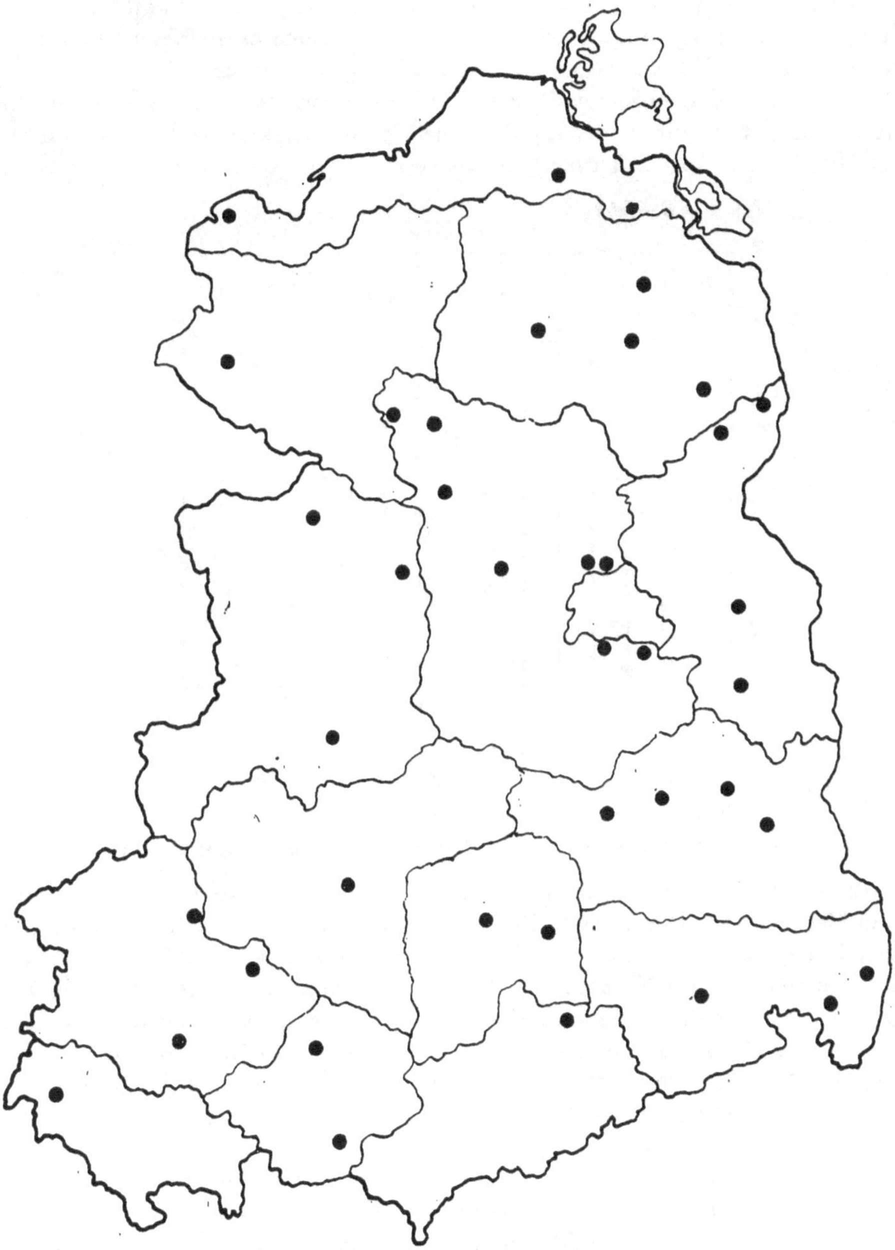

Abb. 1. Lage der untersuchten Betriebe

Gebäude, die bei den Untersuchungen angetroffen wurden, waren unmittelbar nach dem Dreißigjährigen Kriege errichtet, die jüngsten stammten aus den letzten Jahren.
Die Betriebe waren 1945 in die Bodenreform und 1949 in die Verwaltung Volkseigener Güter übergeführt worden. Sie hatten sämtlich eine einheitliche Buchführung, was die Durchführung der Untersuchung außerordentlich erleichterte.
Die Verteilung der einzelnen Betriebe auf die einzelnen Größenklassen ist in Abb. 2 dargestellt, die Verteilung der Betriebsgrößenklassen im Untersuchungsgebiet geht aus Abb. 3 hervor. Die kleineren Betriebe liegen vorzugsweise in

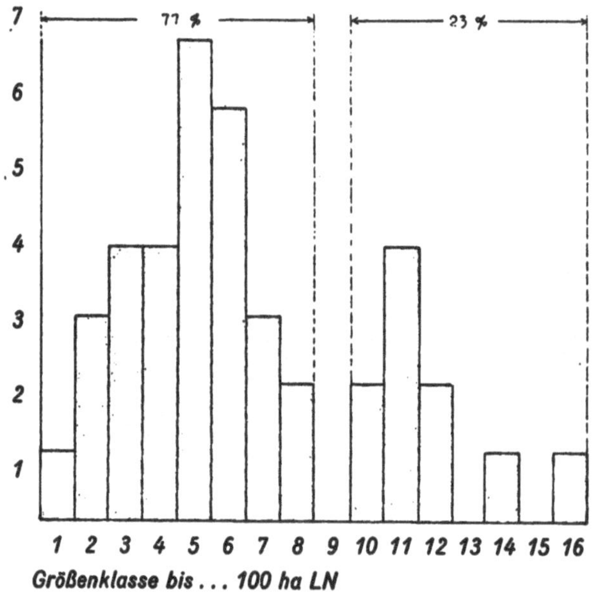

Abb. 2. Verteilung der untersuchten Betriebe auf die Größenklassen

Sachsen und Thüringen, die größeren mehr in Sachsen-Anhalt, Brandenburg und Mecklenburg. Der kleinste Betrieb hat eine landwirtschaftliche Nutzfläche von 99 ha, der größte eine von 1590 ha. Insgesamt bewirtschaften die untersuchten Betriebe 24000 ha LN, so daß die durchschnittliche Betriebsgröße mit 600 ha errechnet werden kann. 1955 gab es nach den Angaben des Statistischen Jahrbuches (106) 540 Volkseigene Güter mit 283500 ha LN. Die von den untersuchten Betrieben bewirtschaftete Gesamtfläche umfaßt danach 8,5% der landwirtschaftlichen Nutzfläche der Volkseigenen Güter. Die untersuchten Betriebe stellen 7,4% aller Volkseigenen Güter dar.
Der Versuch, diese Betriebe so in Betriebstypen einzustufen, wie das BLOHM (7) und neuerdings für die Bauplanung CORDS (16, 17) bzw. in Anlehnung daran NIEMKE (65) vorgeschlagen haben, ist nicht gelungen, weil kein Betrieb in seiner Organisation diesen Vorschlägen entsprach. Obgleich es Schwierigkeiten

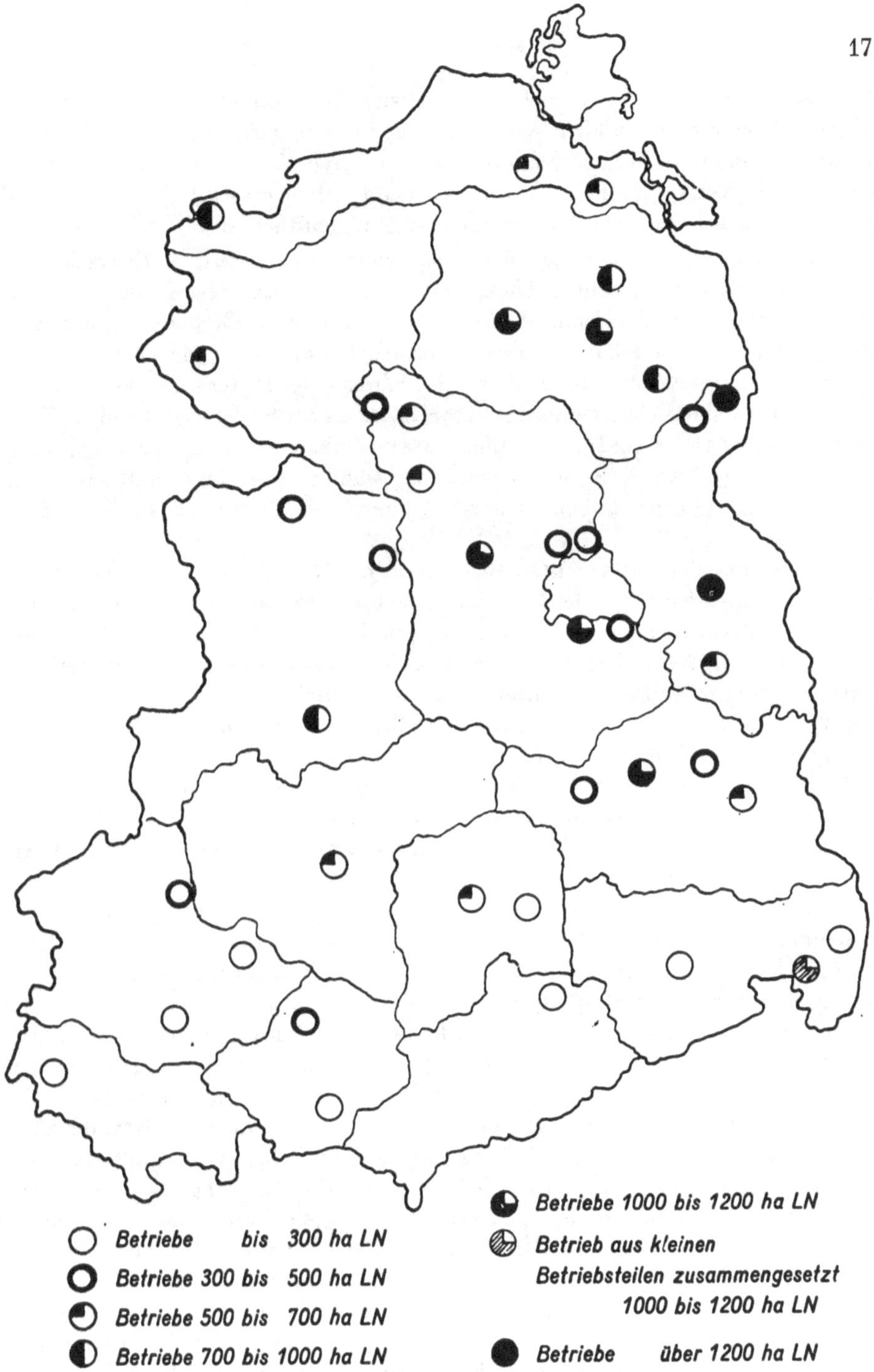

Abb. 3. Verteilung der Betriebsgrößen im Untersuchungsgebiet

bereitet, die Betriebe in Betriebstypen einzuordnen, bildet eine derartige Einordnung doch die unerläßliche Voraussetzung für eine wissenschaftliche Betrachtung des gesamten Fragenkomplexes und für eine Wiederverwendbarkeit der gefundenen Werte; denn nur das ist wissenschaftlich erkannt, was von Grund her verstanden und in einen Zusammenhang eingeordnet ist.

Bei der Bezeichnung der Betriebstypen gaben die jeweils vorherrschenden Betriebszweige den Ausschlag. Hierzu zählen in erster Linie die Fruchtarten, die im Nutzflächenverhältnis am stärksten hervortreten. Außerdem rechnet dazu der bedeutsamste Tierhaltungszweig. Natürlich kann das nur eine schwache Kennzeichnung sein, weil die Einflüsse des Klimas, des Bodens, der Verkehrslage und die besonderen betrieblichen Verhältnisse unberücksichtigt bleiben. Doch sagt SCHWONDER (82) in diesem Zusammenhang bereits 1905: „Gewisse Merkmale berechtigen, Kollektivnamen zu wählen, um einzelne Klassen von Wirtschaftssystemen zu charakterisieren und das Ganze zu einem System zusammenzufügen."

Die Einteilung der untersuchten Betriebe in die Betriebstypen geht aus Tab. 1 hervor. Dort ist der Anteil des Getreidebaus, des Hackfruchtbaus und des Futterbaus (Hauptfruchtfutterfläche und Dauergrünland) an der landwirtschaftlichen Nutzfläche mitgeteilt. Die Tabelle gibt Aufschluß über den Mindestanteil und über den durchschnittlichen Anteil. Vom durchschnittlichen Anteil wurde auch der Variationskoeffizient errechnet, um die Streuung der Werte zu kennzeichnen. Am geringsten streuen die Werte des Getreidebaues, während der Futterbau die größten Streuungen aufweist. Die große Streuung beim Futterbau ist auf die unterschiedliche Ertragsfähigkeit der einzelnen Böden, weniger auf den Viehbesatz zurückzuführen. Sie läßt sich auch dadurch mit erklären, daß in diesen Werten das Dauergrünland mit erfaßt ist.

BLOHM (7) hat vorgeschlagen, zur Kennzeichnung der Betriebstypen auch den bedeutsamsten Zweig der Nutzviehhaltung mit heranzuziehen. Das ist in Tab. 1 entsprechend mit berücksichtigt worden. Eine direkte Proportionalität zwischen der Art des Betriebstyps und der Höhe des Viehbesatzes, wie das beispielsweise NIEMKE (65) angibt, konnte bei den untersuchten Betrieben nicht festgestellt werden. Unabhängig vom Betriebstyp lag der Viehbesatz zwischen 50 und 100, im Mittel bei 76 GV/100 ha LN. Eine derartige Abhängigkeit des Viehbesatzes vom Betriebstyp ist auch schwer denkbar. Der Viehbesatz, der in GV/100 ha LN ausgedrückt wird, gibt stets nur Auskunft über die Zahl, nicht jedoch über die Leistung der Tiere. Der Anspruch der Tiere an den Futterbau richtet sich aber nicht ausschließlich nach der Stückzahl, sondern auch nach der Leistung der Tiere. Sowohl eine Kuh mit geringerer Leistung wie auch eine mit höherer wird aber unabhängig von ihrer Leistung und somit auch von ihrer Futteraufnahme als eine Großvieheinheit gewertet, sofern sie 500 kg schwer ist. Das ist indessen nur ein Grund, weswegen keine direkten Beziehungen zwischen Betriebstyp und Viehbesatz bestehen können. Ein anderer liegt darin, daß im Gesamtviehbesatz auch die Pferde und die Schweine mit erfaßt werden. Beide Tierhaltungszweige

TABELLE 1

Einteilung der untersuchten Betriebe in Betriebstypen

Nr.	Betriebstyp	Anteil an der landwirtschaftlichen Nutzfläche %									Anzahl der Betriebe			
		Getreidebau			Hackfruchtbau			Futterbau (Ackerfutterbau und Dauergrünland)						
		Mindestanteil	Durchschnittswert	Variationskoeffizient	Mindestanteil	Durchschnittswert	Variationskoeffizient	Mindestanteil	Durchschnittswert	Variationskoeffizient	vorwiegend Rindviehhaltung	vorwiegend Schweinehaltung	insgesamt	% der untersuchten Betriebe
1.	Futterbau-Getreidebau-Betriebe	25	32	21	14	19	13	25	39	27	5	3	8	20
2.	Futterbau-Hackfruchtbau-Betriebe	27	34	8	23	25	11	27	31	10	10	6	16	40
3.	Hackfruchtbau-Getreidebau-Betriebe	35	42	12	27	30	6	11	18	34	5	5	10	25
4.	Getreidebau-Futterbau-Betriebe	27	37	24	15	20	17	22	24	9	3	1	4	10
5.	Getreidebau-Hackfruchtbau-Betriebe	51	52	0	19	24	27	12	16	35	2	0	2	5
	Insgesamt	×	×	×	×	×	×	×	×	×	25	15	40	100
	Durchschnittlicher Variationskoeffizient	×	×	13	×	×	15	×	×	23	×	×	×	×

sind unabhängig vom Nutzflächenverhältnis, das primär den Betriebstyp beeinflußt. Der Pferdebesatz ist eng mit der Motorisierungsstufe und somit mit dem Schlepperbesatz verknüpft. Schweine können auch unabhängig von der wirtschaftseigenen Futtergrundlage gehalten werden.
Es ist daher anzunehmen, daß die Höhe des Viehbesatzes weniger vom Betriebstyp als vielmehr von den individuellen Standortfaktoren abhängt. Hierzu rechnen vor allem: Ertragsfähigkeit des Bodens und somit des Futterbaues, Bezugsmöglichkeiten für Futtermittel sowie die Stallverhältnisse. Diese Ansicht wurde durch die große Variationsbreite des Anteiles, den der Futterbau einnimmt, noch bestärkt. Einen nicht unwesentlichen Einfluß übt auch der Bewirtschafter aus, der u. a. die bevorzugte Richtung der Nutzviehhaltung festlegt. BEYER (5) bemerkt in dieser Hinsicht: „Ein Beurteilungsrahmen über die unter den verschiedenen Erzeugungsbedingungen angemessene Höhe des Viehbesatzes ist kaum zu geben."
Wesentlich für den Wert einer wissenschaftlichen Erkenntnis ist die Methode, die angewandt wurde, um zu ihr zu gelangen; bereits in jeder Methode steckt ein Urteil über den Gegenstand, den sie erfassen soll und in jedem Ergebnis wissenschaftlicher Arbeit eine bestimmte methodische Vorentscheidung.
Nachdem dahingehend entschieden war, eine größere Anzahl landwirtschaftlicher Großbetriebe unter verschiedenen Verhältnissen zu untersuchen, wurde 1954 die Untersuchungsmethode ausgearbeitet. Als die durchgeführte Untersuchung an vorerst vier unmittelbar bei Berlin und zwei in Sachsen-Anhalt gelegenen Betrieben ergeben hatte, daß wirklich vergleichbare Werte zu ermitteln waren und daß Betriebsgröße und individuelle Standortfaktoren die Werte beeinflussen, folgten 1955 in den übrigen Teilen des Untersuchungsgebietes weitere 34 Betriebe.
Auf den Betrieben wurden die wichtigsten betriebswirtschaftlichen Daten festgestellt, die auf die Gebäude Bezug haben: Betriebsgröße, Verkehrslage und besondere Bedingungen des Betriebes, Kulturarten- und Nutzflächenverhältnis, Vieh- und Maschinenbesatz, Zahl der Arbeitskräfte, Wohnverhältnisse sowie die Anlagenwerte insbesondere der Gebäude. Außerdem wurden sämtliche Betriebsgebäude besichtigt und ausgemessen. Als Maßstab dienten dabei die Nutzungseinheiten:

die Zahl	(bei den Stallplätzen für die Tiere, bei den Garagenplätzen für Kraftfahrzeuge),
das Flächenmaß	(bei Handelsdüngerlagern, Materiallagern, Maschinenschuppen und Werkstätten sowie auch bei Speichern, sofern dort nicht die Tragfähigkeit je Flächeneinheit zu ermitteln war),
das Raummaß	(bei Bergeräumen für Heu und Stroh, Gärfutterbehältern und Tankstellen).

Schwierigkeiten in der Beurteilung traten oftmals bei den Stallungen auf, weil das Nutzvieh in einigen Fällen unzureichend oder nur behelfsmäßig untergebracht war. Es wurden dann die Optimalwerte von Trog- oder Krippenlängen oder der Laufflächen je Tier zugrunde gelegt, wie sie CORDS (17) mitteilt.

An die Feststellungen in den Untersuchungsbetrieben schloß sich die Auswertung. Dabei hat es sich als zweckmäßig gezeigt, die gefundenen Gebäudegrößen auf jeweils 100 ha LN umzurechnen, weil sich so wirklich vergleichbare Werte ergaben. Die Betriebsgröße beeinflußt den Umfang der Gebäudesubstanz entscheidend. Der Gebäudebedarf wächst mit zunehmender Betriebsgröße.

Nachdem jeder Betrieb einzeln untersucht war, wurden die Betriebe miteinander verglichen, um festzustellen, welchen Einfluß Betriebsgröße, Betriebstyp und Lage des Betriebes auf die Gebäude haben und um zu klären, welche sonstigen Faktoren das Ausmaß der notwendigen Gebäudesubstanz bestimmen.

Zur Auswertung der Untersuchungsergebnisse diente sowohl die graphische wie auch die mathematische Methode. Die graphische Methode eignete sich besonders für die Darstellung einer Korrelation zweier Gegebenheiten oder Tatbestände. In der Landwirtschaft wird selten ein Tatbestand nur durch einen anderen bestimmt. Meist sind es mehrere, die sich oftmals rechnerisch nicht erfassen lassen. Deswegen ist auch der mathematischen Berechnung einer Korrelation nicht zu große Bedeutung beizumessen.

Zur Darstellung von Korrelationen diente das Punktdiagramm, der Trend wurde durch eine Freihandkurve bestimmt. DONNER (20) sagt hierzu: ,,Am einfachsten ist es, den Trend durch eine Freihandkurve zu bestimmen, d. h. durch eine mit freier Hand gezogene und der Hauptrichtung der Ursprungsreihen angepaßte Linie. Die Primitivität dieses Vorgehens hat das Gute, keine Illusionen über die logische Qualität der Trendbestimmung aufkommen zu lassen, was erfahrungsgemäß der Fall ist, wenn der anspruchsvolle Apparat mathematischer Kurvenbehandlung aufgefahren wird. Bei einiger Übung sind die Ergebnisse kaum schlechter als bei komplizierteren Verfahren, wenngleich den mathematischen Trendlinien gewisse formale Vorzüge bleiben."

Die graphische Methode diente ferner zur Darstellung des Modus (dichtesten Wertes), des Wertes der größten Häufung der Einzelfälle. Außerdem war diese Methode am geeignetsten zur Darstellung der Standortverteilung einzelner Werte im Untersuchungsgebiet.

Die graphischen Darstellungen reichten jedoch allein keineswegs aus. Daher wurden auch mathematische Methoden zu Hilfe genommen, um die Ergebnisse zu straffen und um zu klären, welche Sicherheit ihnen beizumessen ist.

Am gebräuchlichsten war die Errechnung des Mittelwertes (Durchschnitts, arithmetischen Mittels) nach der Formel:

$$M = \frac{Sx}{n}$$

Hier bedeuten: M = Mittelwert
Sx = Summe der Einzelwerte x
n = Anzahl der Einzelwerte

Dabei ist zwischen dem einfachen und dem gewogenen arithmetischen Mittel (gM) zu unterscheiden. Während das einfache arithmetische Mittel nur den

Durchschnittswert aus den Mittelwerten der einzelnen Betriebe angibt, berücksichtigt das gewogene arithmetische Mittel auch die Summe der Einzelwerte aller Betriebe und gibt somit ein realeres Bild als das einfache arithmetische Mittel. Indessen war die Differenz zwischen dem einfachen und dem gewogenen arithmetischen Mittel meist nur gering.

Sehr wesentlich zur Beurteilung der Mittelwerte ist die Kenntnis der Streuung, berechnet nach folgender Formel:

$$s = \sqrt{\frac{Sx^2 - M\,Sx}{n-1}}$$

Das bedeutet also, daß im Normalfalle im Bereich

$$M \pm s = 68{,}26\% \text{ der Einzelfälle}$$
$$M \pm 2s = 98{,}46\% \text{ der Einzelfälle}$$
$$M \pm 3s = 99{,}73\% \text{ der Einzelfälle liegen.}$$

Um einen Vergleich der Streuung verschiedener Werte zu ermöglichen, wurde der Variationskoeffizient nach folgender Formel berechnet:

$$s\% = \frac{s \cdot 100}{M}$$

$s\%$ gibt also an, welchen Anteil (%) am Mittelwert die Streuung einnimmt.

Der induktiven Betrachtung mit den auf den einzelnen Betrieben gewonnenen Werten folgte die deduktive. Dadurch wurden die zuerst gewonnenen Werte überprüft und durch Schrifttumsangaben ergänzt. Beide Betrachtungsweisen wurden in einer Schlußfolgerung verglichen und abgewogen.

C. Die Untersuchungsergebnisse

I. GEBÄUDEWERT

a) Allgemeines

Der Wertbegriff ist vielfach Gegenstand ökonomischer und philosophischer Erörterungen gewesen. Die Philosophie versteht unter dem Wert die zwischen einem Gegenstand und einem Maßstab von einem Menschen hergestellte Beziehung. Weil es vielerlei Gegenstände und mannigfaltige Beziehungen gibt, bestehen auch unterschiedliche Wertformen. Bei den landwirtschaftlichen Gebäuden stehen zwei Wertformen im Vordergrund: der betriebswirtschaftliche Wert (Gebrauchswert, Nutzwert) und der Anlagenwert (Kostenwert, Kapitalwert). Der betriebswirtschaftliche Wert gibt an, welchen Vorteil das Gebäude als standort- und zweckgebundenes Betriebsmittel für den Betrieb und die Betriebsführung hat. Dieser Wert hängt von Standort, Größe, baulicher Ausbildung und baulichem Zustand des Gebäudes sowie von Größe und Art des landwirtschaftlichen Betriebes und dessen Organisation ab. Leider gibt es noch keinen betriebswirtschaftlichen Bewertungsmaßstab für landwirtschaftliche Gebäude. Hier liegt noch ein wichtiges Aufgabengebiet für die landwirtschaftliche Schätzungslehre. Von größerer Bedeutung ist daher der Anlagenwert, der alle die Kosten bezeichnet, die entstanden sind, um das Gebäude zu errichten. Bei Neubauten entspricht der Anlagenwert somit auch dem Neubauwert. Schwieriger ist die Bewertung der Altbauten, weil bei ihnen nicht nur die ursprünglichen Neubaukosten, sondern auch die seit der Errichtung des Gebäudes entstandenen Reparaturkosten im Anlagenwert verzeichnet werden müssen. Andererseits sind jährlich die notwendigen Abschreibungen vorzunehmen.

In den untersuchten Betrieben wurde 1949 eine einheitliche Buchführung eingerichtet. Dafür galten die „Bilanzierungs-Richtlinien für die Eröffnungsbilanz der Volkseigenen Güter zum 1. Juli 1949 vom 1. Dezember 1949“ (99), die vom Ministerium der Finanzen herausgegeben waren. Für die Bewertung der Gebäude wird darin auf die entsprechenden „Bilanzierungsrichtlinien für die Eröffnungsbilanz der volkseigenen Betriebe“ der Industrie (5. Durchführungsbestimmung zur VO über die Finanzwirtschaft der volkseigenen Betriebe — Bilanzierungs- und Inventurvorschriften vom 30. Juni 1949) hingewiesen. Diese besagen:

„Zur Ermittlung des Zeitwertes der Gebäude ist von den Neubauwerten 1914 (zu ersehen aus den Feuerversicherungspolicen) auszugehen, die mit einem durchschnittlichen Baukostenindex von 160% zu vervielfältigen sind. Zu- und Abschläge nach Ortsklassen werden nicht vorgenommen. Soweit der Neubauwert 1914 Ein-, Um- und Erweiterungsbauten nicht bereits enthält, sind diese zusätzlich zu berücksichtigen.
Falls die Neubauwerte 1914 nicht ohne weiteres feststellbar sind, müssen sie auf der

Basis der nach Normblatt DIN 277 ermittelten Kubikmeter umbauten Raumes und der Durchschnittspreise 1913 für 1 Kubikmeter umbauten Raumes errechnet werden. Diese Form der Ermittlung der Neubauwerte 1914 auf der Basis der Kubikmeter umbauten Raumes ist auf die wenigen Ausnahmefälle zu beschränken, in denen noch keine Feuerversicherungswerte festgelegt sind. Eine Wertberichtigung für überschwere Bauweisen entfällt.
Den so ermittelten Werten sind Wertminderungen aus folgenden Ursachen auf der Passivseite gegenüberzustellen:
natürliche Abnutzung,
unterbliebene Instandhaltung,
Beschädigungen durch Kriegseinwirkung und Kriegsfolgen (Demontagen),
außergewöhnliche Verhältnisse."

Die Abschreibung der Anlagenwerte war durch die „Vorschriften über eine einheitliche Abschreibung (Neunte Durchführungsbestimmung zur VO über die Finanzwirtschaft der volkseigenen Betriebe vom 28. 2. 1950) gültig ab 1. 1. 1950" geregelt.

b) Induktive Betrachtung

Bei den 40 untersuchten Betrieben wurde aus den Buchführungsunterlagen der Anlagenwert der Gebäude ermittelt, summiert und daraus die Belastung je Hektar mit Gebäudekapital errechnet. Der Gesamtwert der Gebäudesubstanz bei den 40 untersuchten Betrieben war 63 864 TDM. Daraus errechnet sich ein gewogenes arithmetisches Mittel von 2660 DM/ha. Das einfache arithmetische Mittel der Gebäudebelastung je Hektar von 40 untersuchten Betrieben ist 3000 DM/ha, wobei der Variationskoeffizient 44,5% beträgt. Daraus geht hervor, daß der Gebäudewert je Hektar bei den 40 Betrieben eine sehr große Streuung hat, die keineswegs zufällig ist, sondern einer Gesetzmäßigkeit unterliegt: Der relative Gebäudewert (DM/ha) hängt sowohl von der Betriebsgröße wie auch vom relativen Viehbesatz (GV/100 ha LN) ab.
Abb. 4 zeigt, daß der relative Gebäudewert mit zunehmender Betriebsgröße abnimmt. Das gilt jedoch nur bis zu einer Betriebsgröße von etwa 600 ha LN. Bei größeren Betrieben ist kein weiteres Absinken des relativen Gebäudewertes mehr zu beobachten. Deutlich geht der Einfluß der Betriebsgröße auf den Gebäudewert auch aus Abb. 5 hervor. Dort ist zu sehen, daß sich die hohen relativen Gebäudewerte vor allem in den südlicheren Bezirken des Untersuchungsgebietes konzentrieren, in Gebieten also, in denen als Folge der natürlichen und ökonomischen Standortfaktoren die kleineren Betriebe vorherrschen.
Mit großer Deutlichkeit zeigt Abb. 6, daß der Gebäudewert fast linear mit zunehmendem Viehbesatz steigt. Der deutliche Einfluß des Viehbesatzes auf den Gebäudewert gab Veranlassung, den Gebäudewert eingehender zu analysieren. Dabei wurden im Durchschnitt von 35 untersuchten Betrieben folgende Anteile am Gesamtgebäudewert festgestellt:

Wohnungen einschließlich Kultur- und Sozialbauten	38%	($s\%$ = 26)
Grundstückseinrichtungen[1]	6%	($s\%$ = 55)
Betriebsgebäude (Wirtschaftsgebäude)	56%	($s\%$ = 17)
Insgesamt	100%	

[1]) Siehe Seite 9

Der hohe Anteil der Wohnungen am gesamten Gebäudewert erklärt sich nicht allein aus ihrem absoluten Anteil, sondern auch daraus, daß der umbaute Raum bei den Wohnungen im allgemeinen teurer ist als bei Betriebsgebäuden.
Am geringsten war die Streuung der Werte bei den Betriebsgebäuden, größer bei den Wohnungen und am größten bei den Grundstückseinrichtungen. Die große

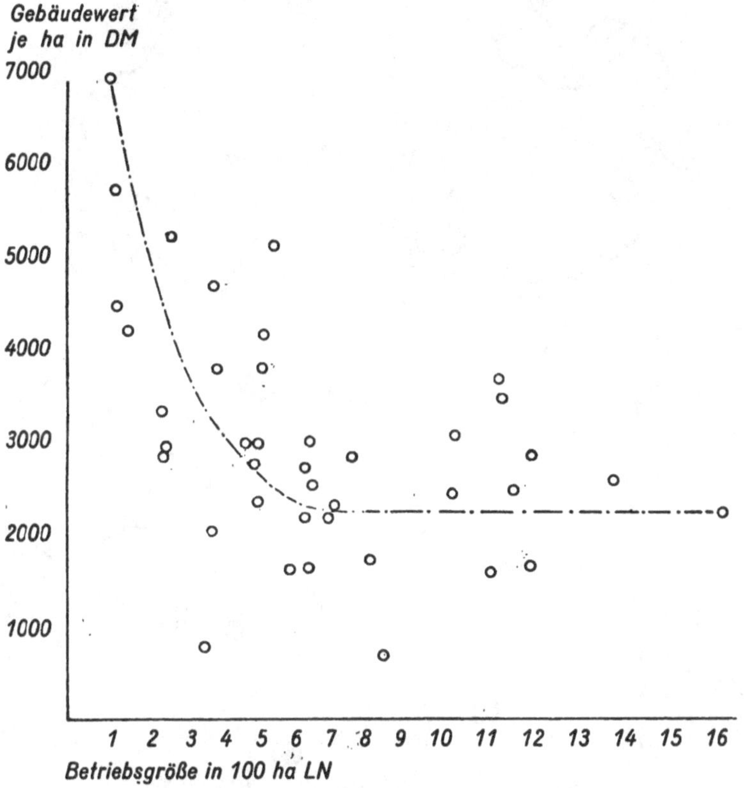

Abb. 4. Die Gebäudebelastung je Hektar in Abhängigkeit von der Betriebsgröße

Streuung der Werte für die Grundstückseinrichtungen hängt in erster Linie mit ihrem sehr geringen Anteil am Gesamtgebäudewert zusammen. Infolgedessen ist die relative Streuung sehr groß, selbst wenn sie absolut sehr gering ist. Andererseits beruhen die Unterschiede auch auf den unterschiedlichen Gegebenheiten der Praxis. So konnte festgestellt werden, daß einige Wirtschaftshöfe gar nicht oder nur mangelhaft, andere dagegen sehr gut befestigt waren.
Die Streuung der Werte für die Wohnungen läßt sich in erster Linie durch ökonomische Ursachen erklären. Betriebseigener Wohnraum war nicht überall gleichmäßig anzutreffen. Andererseits ist die Streuung auch dadurch erklärbar, daß in diesen Werten auch die Kultur- und Sozialbauten mit erfaßt sind, die im Untersuchungszeitraum in den untersuchten Betrieben noch sehr ungleichmäßig vorhanden waren.

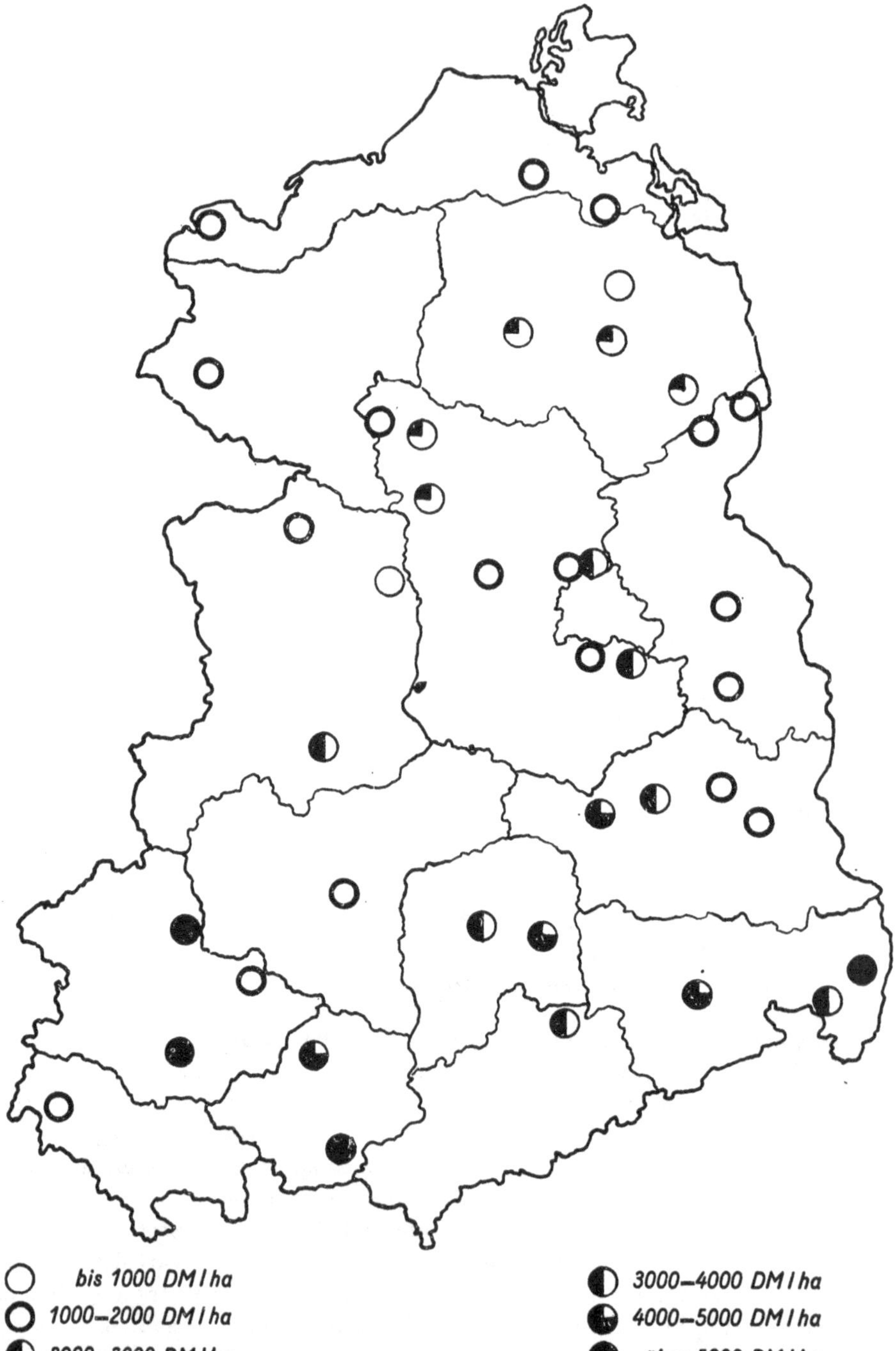

Abb. 5. Der relative Gebäudewert bei den untersuchten Betrieben

Die relativ geringe Streuung bei den Werten für die Betriebsgebäude zeigt deren Abhängigkeit von den natürlichen Standortfaktoren. Dadurch und durch ihren hohen Anteil am Gesamtwert aller Gebäude dokumentiert sich die dominierende Stellung der Betriebsgebäude innerhalb aller zum Betrieb gehörenden Bauten.

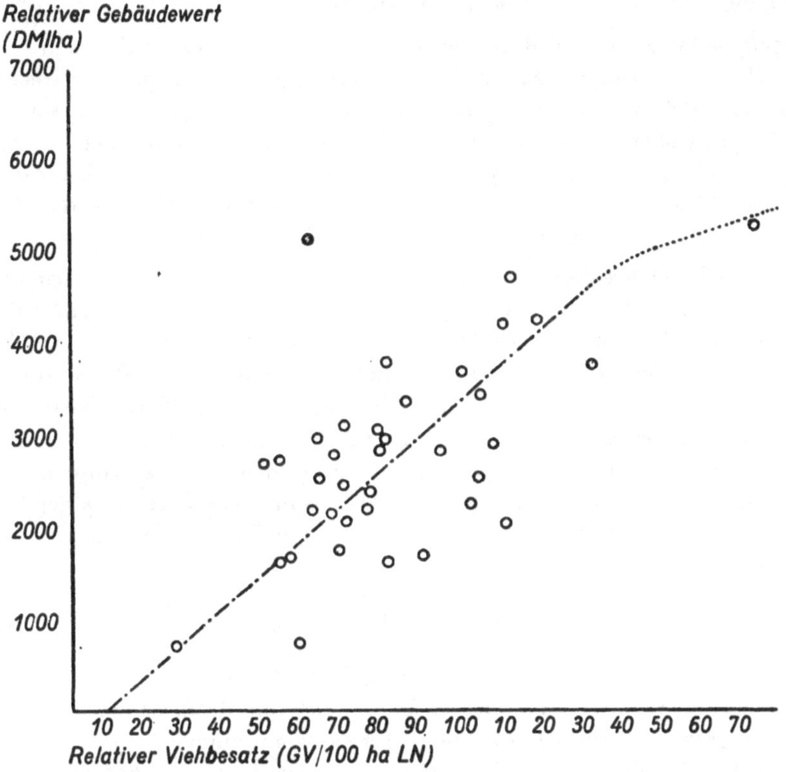

Abb. 6. Einfluß des relativen Viehbesatzes auf den relativen Gebäudewert

Der große Einfluß des Viehbesatzes auf den Gebäudewert war damit aber noch nicht geklärt. Deswegen wurde untersucht, welchen Anteil die Bauten für die Tierhaltung am Gesamtwert aller Betriebsgebäude in den untersuchten Betrieben einnahmen. Dabei zeigte sich, daß sie im Durchschnitt von 22 in diesem Zusammenhang untersuchten Betrieben 63% des Gesamtwertes aller Betriebsgebäude ausmachten. Die Streuung ist mit 17,4% des Mittelwertes relativ gering. Sie ist vor allem dadurch zu erklären, daß eine klare Abgrenzung der Nutzungsrichtung der Gebäude nicht immer genau möglich war. 37% des Wertes aller Betriebsgebäude entfallen somit auf Bauten für die Vorratshaltung und für die Landtechnik.

Um ein klares Bild über die Bedeutung des Gebäudewertes zu erhalten, wurde auch untersucht, welchen Anteil die Gebäude am gesamten Anlagenwert der Betriebe beanspruchen. Im Durchschnitt von 22 in dieser Hinsicht untersuchten Betrieben nahmen die Gebäude 69% des gesamten Anlagenwertes ein. Dabei war der Variationskoeffizient mit 9,8% sehr gering.

Im Vergleich hierzu wurde der Anteil der Schlepper und Landmaschinen am gesamten Anlagenwert betrachtet. Er lag bei nur 19%, wobei 8% auf die Landmaschinen und 11% auf die Schlepper entfielen. Der Variationskoeffizient betrug 19,4%. Die restlichen 12% des Anlagenwertes entfielen auf das Zucht- und Zugvieh sowie auf die übrigen Inventarteile.

Entgegengesetzt zu den Anlagenwerten verhielten sich die Abschreibungssätze. Hierbei betrug der Anteil der Gebäude an der gesamten Abschreibungssumme 34% ($s\% = 23{,}1$) und die der Schlepper und Landmaschinen 43% ($s\% = 14{,}4$), wobei auf die Schlepper 27,5% und auf die Landmaschinen 15,5% entfielen. Die im Vergleich zum Anlagenwert größere Streuung bei den verschiedenen Abschreibungssummen beruht auf der unterschiedlichen Bauart und auf dem verschiedenen Alter der Gebäude.

Die Abschreibungen werden nach den Sätzen berechnet, die in der angeführten Verordnung (siehe Seite 24) wiedergegeben sind. Weil indessen nicht bekannt war, wie sich die Gebäudesubstanz zusammensetzt und welcher Anteil des gesamten Anlagenwertes für die Abschreibung insgesamt angesetzt werden soll, wurde auch diese Frage untersucht. Im Durchschnitt von 18 Betrieben lag der Anteil der Abschreibungen bei 1,5% des Anlagenwertes. Dieser Wert streut sehr stark ($s\% = 38$). Das erklärt sich aus der unterschiedlichen Zusammensetzung und Bauweise der Gebäude. Die Abschreibungssumme je Hektar betrug für die Gebäude im Mittel 50 DM ($s\% = 40$). Die beiden Extreme waren 17 DM und 93 DM je ha.

c) Deduktive Betrachtung

Preise gelten zwar nur für einen bestimmten Zeitraum und für ein begrenztes Gebiet. Dennoch verpflichten die in der induktiven Betrachtung gewonnenen Erkenntnisse zu einigen wesentlichen Überlegungen, zumal die Landwirtschaft bisher den Gebäudekosten mehr Aufmerksamkeit geschenkt hat als dem mit den Gebäuden erzielbaren Nutzen. BLOHM (8) stellt in diesem Zusammenhang fest: „Die Baukosten stehen seit Jahrzehnten in einem völlig ungesunden Verhältnis zu der Einkommensmöglichkeit der Landwirtschaft. Die Folge davon sind eine ganz und gar ungenügende Bautätigkeit und heute vielfach erschreckend unzweckmäßige Gebäude, die sowohl die Erzeugung in der Nutzviehhaltung als auch die Rationalisierung in der Innenwirtschaft hemmen.“ Sehr eingehend hat sich auch HECKL (26) mit diesem Problem befaßt: „Die ‚Überlastung mit Gebäudekapital‘ spiegelt nichts anderes, als die Bedeutung der Gebäude für die Integration des Gesamtbetriebes. Sie wäre für den Betriebserfolg ohne Bedeutung, wenn die Gebäude so stabil wären wie der Boden, oder ihre Erhaltung und Regeneration auf ähnliche Weise wie beim Boden, d. h. natural und durch die Bewirtschaftung des Landguts an sich erfolgen könnte, wie das früher tatsächlich in hohem Maße der Fall war. Die Gebäude sind aber einer so starken und meist progressiven Entwertung durch Abnutzung und Verminderung des Gebrauchswertes unterworfen, daß ihre Erneuerung oft schon nach einer, und spätestens nach drei Generationen notwendig ist. Im Zusammenhang mit der Unentbehrlichkeit der Gebäude wird die Art, wie diese Erneuerung erfolgt, zu einer Lebensfrage der Landwirtschaft. Je mehr diese dabei auf Materialzukauf und bezahlte Arbeit angewiesen ist, um so kritischer wird die Situation, zumal Aufwendungen für Gebäude, zum Unterschied von Aufwendungen für den Boden, die Geräte und das Vieh, nur in wenigen Fällen rasch und unmittelbar als Mehrerzeugung zurückfließen."

In unserer induktiven Betrachtung kamen wir zu dem Ergebnis, daß die Belastung je Hektar mit Gebäudekapital etwa 3000 DM erreicht. Dieser Wert wird durch die Untersuchungen von BAIL (3) bestätigt, der bei 13 landwirtschaftlichen Großbetrieben feststellte, daß „der normale Gebäudewert bei rund 2000 DM/ha liegen" dürfte. Er bemerkt jedoch noch: „Für die derzeitige Betriebsorganisation sind die Gebäude also knapp." Auch in den von uns untersuchten Betrieben drängte sich die Erkenntnis auf, daß die vorhandene Gebäudesubstanz trotz der Belastung von etwa 3000 DM/ha nicht ausreichte.

BLOHM (8) gibt unter Zugrundelegung von Neubauwerten die erforderliche Kapitalinvestition je nach Betriebsgröße, Betriebsorganisation und Technisierungsgrad folgendermaßen an:

Gebäude	1500—2500 DM/ha
Lebendes Inventar . .	500—1000 DM/ha
Totes Inventar . . .	1000—2000 DM/ha
Zusammen.	3000—5500 DM/ha

Diese Werte erscheinen jedoch noch als zu gering. Dennoch bestätigen diese Angaben unsere Feststellung, daß die Gebäude einen höheren Anteil am gesamten Anlagenwert einnehmen als die landtechnischen Hilfsmittel. Das geht auch sehr deutlich aus den Angaben hervor, die HECKL (26) von den unterschiedlichsten Betriebsformen Österreichs, der Schweiz und den USA veröffentlicht.

In diesem Zusammenhang muß auch noch darauf hingewiesen werden, daß die Baukosten in den letzten Jahren weiter gestiegen sind. In der Deutschen Bundesrepublik haben sich nach den Ermittlungen des Statistischen Bundesamtes (98) die Baukosten seit 1944 folgendermaßen entwickelt:

Jahr	1938 (= 100)	1936 (= 100)	1913 (= 100)
1944	126	131	172
1949	193	200	263
1950	184	191	250
1951	213	221	290
1952	227	236	309
1953	220	228	299
1954	221	229	300
1955 Februar	228	236	310
1955 Mai	238	247	323
1955 August	241	250	328

Für die Deutsche Demokratische Republik liegen derartige Zahlen nicht vor. Hier wurden im Dezember 1955 und Januar 1956 Festpreise (104, 105) eingeführt. Es kann indessen etwa mit einer gleichen Preisentwicklung gerechnet werden.

Der Preisindex (1913 = 100) betrug 1955 rund 320 und liegt somit etwa doppelt so hoch, wie bei der Eröffnungsbilanz der Volkseigenen Güter 1949 angenommen war. Infolgedessen muß mit einem Gebäudewert von 6000 DM/ha LN gerechnet werden. Bei einer landwirtschaftlichen Nutzfläche der Deutschen Demokratischen Republik von 6,476 Millionen Hektar ergibt sich auf der Preisbasis von 1955 ein Gesamtwert der landwirtschaftlichen Bausubstanz von etwa 40 Milliarden DM. Weil festzustellen war, daß mit abnehmender Betriebsgröße der relative Gebäudewert zunimmt und der überwiegende Teil der deutschen Landwirtschaft bäuerliche Betriebe sind, kann der Gesamtwert der landwirtschaftlichen Bausubstanz auf etwa 60 Milliarden DM geschätzt werden. Nach LIEBKNECHT (52) wurden in der Zeit von 1950 bis 1955 für das ländliche Bauwesen 1,88 Milliarden DM aufgewendet, davon 1,08 Milliarden (= 57%) für landwirtschaftliche Betriebsgebäude. Das sind also im Durchschnitt jährlich 376 Millionen DM.

Neue Betriebsanlagen dürfen nicht mehr mit den Mängeln behaftet sein, die die untersuchten Betriebe mit ihrer stark überalterten Bausubstanz haben. Infolgedessen ist für sie mit einer Gebäudebelastung bis zu 10000 DM/ha zu rechnen. Werden nur die Betriebsgebäude berechnet und die Wohnungen außer Ansatz gelassen, so sind auf der Preisbasis von 1955 mindestens 6000 DM/ha notwendig.

Die Lösung der gewaltigen Bauaufgaben in der Landwirtschaft, von denen KULKE (46) sagt, daß sie sich nur mit denen vergleichen lassen, die durch den Wiederaufbau der kriegszerstörten Städte gestellt sind, kann in der Zukunft nicht nur der Bauwirtschaft überlassen werden. Auf bauwirtschaftlichem Gebiet allein ist mit einer entscheidenden Verbilligung der Bauten nicht zu rechnen. Baufachleute haben das wiederholt bestätigt, und das Baugeschehen der Gegenwart beweist keineswegs das Gegenteil. So schreibt HALPAAP (24): „Hierbei muß jedoch grundsätzlich festgestellt werden, daß eine ausschlaggebende Senkung der Baukosten auf rein baulichem Gebiet kaum mehr möglich ist. So hat man z. B. durch Anwendung neuzeitlicher Baustoffe und Konstruktionen, durch Normung und Typisierung von Bauteilen bzw. ganzer Gebäude sowie durch betriebseigene Leistungen nur noch sehr begrenzte Möglichkeiten, die Baukosten günstig zu beeinflussen. Dagegen bestehen weit größere Aussichten bzw. ernste Möglichkeiten der Baukostensenkung auf dem Gebiete der fortschrittlichen Betriebsführung, wie z. B. der verstärkte Erntedrusch mit entsprechend geringerem Bergeraumbedarf; der Häckselhof, als die z. Z. wohl vollkommenste arbeits- und baukostensparende Lösung nach diesen Gesichtspunkten; die Bestrebungen zur Verkürzung der Strohkette im Zusammenhang mit dem Mähdrusch und schließlich die Offenstallbewegung . . .“ Ebenso hat DESCHEPPER (19) die Ansicht vertreten, daß eine Kostensenkung im landwirtschaftlichen Bauwesen nicht primär durch den Architekten, sondern vor allem auch durch betriebswirtschaftliche Maßnahmen des Landwirts zu erreichen ist.

Die Gebäudekosten sind stets nur ein geringer Teil der bei der landwirtschaftlichen Produktion entstehenden Kosten. WERNER (94) hat die Kosten der Viehwirtschaft berechnet. Danach betragen von den Gesamtkosten:

die Kosten der Arbeit	36%
die Kosten für Futter und Viehzukauf	51%
die Gemeinkosten (Steuern, Versicherungen, Gebäudekosten, besondere Kosten der Viehwirtschaft)	13%.

Die Gesamtkosten der landwirtschaftlichen Produktion lassen sich also entscheidend dadurch senken, daß mit Hilfe zweckmäßig errichteter Bauten der Arbeitsaufwand bedeutend gesenkt, das Futter bestens verwertet und die Viehverluste stark vermindert werden. Die Zweckmäßigkeit des Betriebsmittels Gebäude hat daher an erster Stelle zu stehen.

Gewisse Mindestaufwendungen, wie sie sich aus dem notwendigen Raumprogramm, aus der verwendeten Bauweise und aus den bauhygienischen Anforderungen (z. B. Wärmedämmung der raumumschließenden Bauteile) ergeben, können dabei nicht unterschritten werden. Alle Versuche, die in der Vergangenheit in dieser Beziehung gemacht worden sind — es sei nur an den Bau vieler unzureichender Schweinestallungen in den Jahren 1953/54 erinnert — haben sich stets zum Nachteil für die Landwirtschaft ausgewirkt: Die Produktion wurde vermindert, die Verluste vergrößert, und überdies entstanden noch erhöhte, zusätzliche Aufwendungen. Ohne übertriebenen Bauaufwand zu treiben, muß die Landwirtschaft ihre Bauten zweckentsprechend ausführen. Der betriebswirtschaftliche Erfolg ist jedoch um so höher, wenn diese Zweckmäßigkeit mit einem geringen Aufwand erreicht werden kann.

Darüber hinaus gilt es zu überprüfen, ob nicht durch Veränderung der Betriebsorganisation, durch andere Arbeitsverfahren oder durch Veränderung agrarpolitischer Maßnahmen ein geringeres Gebäudevolumen ausreicht. Die Verminderung des notwendigen Gebäudevolumens als Folge agrarökonomischer Maßnahmen ist ein entscheidender Beitrag zur Senkung der Gebäudekosten der Landwirtschaft. Die vorliegende Arbeit leistet hierzu bereits einen ersten Beitrag. In diesem Zusammenhang wird es auch notwendig sein, Untersuchungen über die Gebäudekosten landwirtschaftlicher Betriebe einzuleiten. In Schweden hat sich bereits HENRIKSON (29) damit befaßt. Derartige Untersuchungen müssen von Landwirten durchgeführt werden. Dafür muß sich die Landwirtschaft von einem Vorwurf befreien, den im Namen der Baufachleute HECKL (26) erhebt: „Die Landwirtschaft hat . . . keine Konsequenz aus der Binsenwahrheit gezogen, daß es ohne Gebäude keine Landwirtschaft gibt. Sie sieht im landwirtschaftlichen Bauwesen keinen Teil der Landwirtschaft und überläßt es sich selbst und einer landwirtschaftsfremden Bautechnik."

Die Landwirtschaft und die Landwirtschaftswissenschaft müssen deswegen mehr als bisher die betriebs- und arbeitswirtschaftlichen Möglichkeiten zu erkennen suchen und nützen, welche die Gebäude bieten. Die Amerikaner haben das

bereits erkannt. CARTER (13) sagt: „Das Thema ‚Landwirtschaftsbau‘ umfaßt mehr als nur eine Unterabteilung der Bautechnik, der Baugestaltung oder der landwirtschaftlichen Betriebseinrichtung; es kennzeichnet eine eigene Wissenschaft von der landwirtschaftlichen Gebäudeplanung in Verbindung mit den verschiedenen Betriebseinrichtungen und deren Anpassung an die Bedingungen und Umstände des Landes.“ Damit wird die große Verantwortung der Landwirte für das landwirtschaftliche Bauwesen klar herausgestellt. Bereits bei der Ausbildung der Landwirte muß begonnen werden, sie für diese Aufgabe vorzubereiten.
Von der Verwirklichung der Forderung des PALLADIUS (68), der vor 1600 Jahren empfohlen hatte, die Gebäude sollten im Notfalle durch den Ertrag eines oder zweier Jahre ersetzt werden können, ist die Landwirtschaft heute weiter entfernt denn je. Es ist wünschenswert und wäre möglich, ihr wieder etwas näherzukommen, wenn der Umfang der notwendigen Gebäude klug beschränkt wird und wenn die zu errichtenden Gebäude so gebaut werden, daß sie zu einer Produktivitätssteigerung in der Landwirtschaft beitragen können.

d) Schlußfolgerung

Die Untersuchungen des Gebäudewertes führten zu folgenden Ergebnissen:

1. Der Gebäudewert lag im Durchschnitt der untersuchten Betriebe bei 6000 DM je ha (Preisbasis = 1955). Der vorhandene Gebäudebesatz reicht jedoch nicht aus. Künftig dürfte mit einer Hektarbelastung mit Gebäudekapital bis zu 10000 DM zu rechnen sein. In diesem Wert sind enthalten: Betriebsgebäude, Grundstückseinrichtungen und Wohnungen.
2. Mit zunehmender Betriebsgröße nimmt der relative Gebäudewert (DM/ha) ab. Bei Betrieben mit mehr als 600 ha LN war kein Einfluß der Betriebsgröße auf den relativen Gebäudewert mehr festzustellen.
3. Der Gebäudewert nimmt mit steigendem Viehbesatz fast linear zu.
4. Der gesamte Anlagenwert aller Gebäude teilt sich im Durchschnitt etwa folgendermaßen auf:

Wohnungen	38%
Grundstückseinrichtungen . . .	6%
Betriebsgebäude	56%.

5. Der Anteil der Bauten für die Tierhaltung am Gesamtwert aller Betriebsgebäude betrug im Durchschnitt 63%. Der Rest von 37% entfällt auf die Bauten für die Vorratshaltung und auf die Bauten für die Landtechnik.
6. Von der Gesamtsumme der Anlagenwerte und der Abschreibungen entfielen auf

	Anlagenwerte	Abschreibungen
Gebäude	69%	34%
Landtechnik	19%	43%.

7. Der Anteil der Abschreibungen am gesamten Anlagenwert der Gebäude betrug im Durchschnitt 1,5%.

8. Der Gesamtwert landwirtschaftlicher Gebäude in der Deutschen Demokratischen Republik wird auf etwa 60 Milliarden DM (Preisbasis 1955) geschätzt.
9. Um zu einer Senkung der Belastung mit Gebäudekapital zu kommen, wird es für richtig befunden, den Umfang des Gebäudevolumens zu beschränken, das in den landwirtschaftlichen Betrieben selbst benötigt wird. Die notwendigerweise zu errichtenden Gebäude sind so zu bauen, daß sie zu einer Produktivitätssteigerung beitragen können.
10. In diesem Zusammenhang wurde die Durchführung einer gründlichen Untersuchung des Problems der Gebäudekosten für notwendig befunden und vorgeschlagen. Der Landwirtschaft fallen im ländlichen Bauwesen große Aufgaben zu, sie darf es deswegen nicht mehr ausschließlich einer meist landwirtschaftsfremden Bautechnik überlassen, vielmehr muß die landwirtschaftliche Bauforschung ein Teilgebiet der Landwirtschaftswissenschaften werden.

II. PLATZBEDARF FÜR DIE GESAMTANLAGE

a) Allgemeines

Für die Bauplanung ist es unerläßlich, zu wissen, wie groß die Fläche sein muß, die von der Wirtschaftsanlage oder dem Gehöft eingenommen wird. Andererseits ist oftmals auch die Frage zu beantworten, ob ein vorgesehenes Baugelände ausreicht, um die geplante Wirtschaftsanlage eines Betriebes aufzunehmen. Es lag daher nahe, auch diese Fragen eingehend zu untersuchen.

b) Induktive Betrachtung

In allen Betrieben war aus dem Kulturartenverhältnis die Fläche zu entnehmen, die von den Gebäuden und dem Wirtschaftshof beansprucht wird. Diese Fläche wurde auf je 100 ha LN bezogen, weil für die Bemessung des Gebäudevolumens stets die landwirtschaftliche Nutzfläche, nicht jedoch die Gesamtfläche des Betriebes von Bedeutung ist.

Im Durchschnitt von 40 untersuchten Betrieben war eine Gebäude- und Hoffläche von 1,9 ha/100 ha LN zu ermitteln. Dieser Wert hat allerdings eine sehr starke Streuung, was aus dem Variationskoeffizienten von 41,8 abzulesen ist. Das beruht nicht allein auf Zufälligkeiten.

Deswegen wurde auch untersucht, welchen Einfluß die Betriebsgröße auf die relative Hoffläche hat. Abb. 7 zeigt, wenn auch nicht sehr deutlich, daß die relative Hoffläche mit zunehmender Betriebsgröße sinkt. Bei allen Betrieben, die größer als 600 ha LN sind, ist das kaum mehr der Fall.

Deutlicher als der Einfluß der Betriebsgröße macht sich der Einfluß des Viehbesatzes auf die Hofgröße bemerkbar. Abb. 8 zeigt sehr klar, daß die Hoffläche mit steigendem Viehbesatz zunimmt.

Schließlich kann auch aus Abb. 9 abgelesen werden, daß größere Hofflächen in kleineren Betrieben und in Betrieben mit hohem Viehbesatz anzutreffen sind.

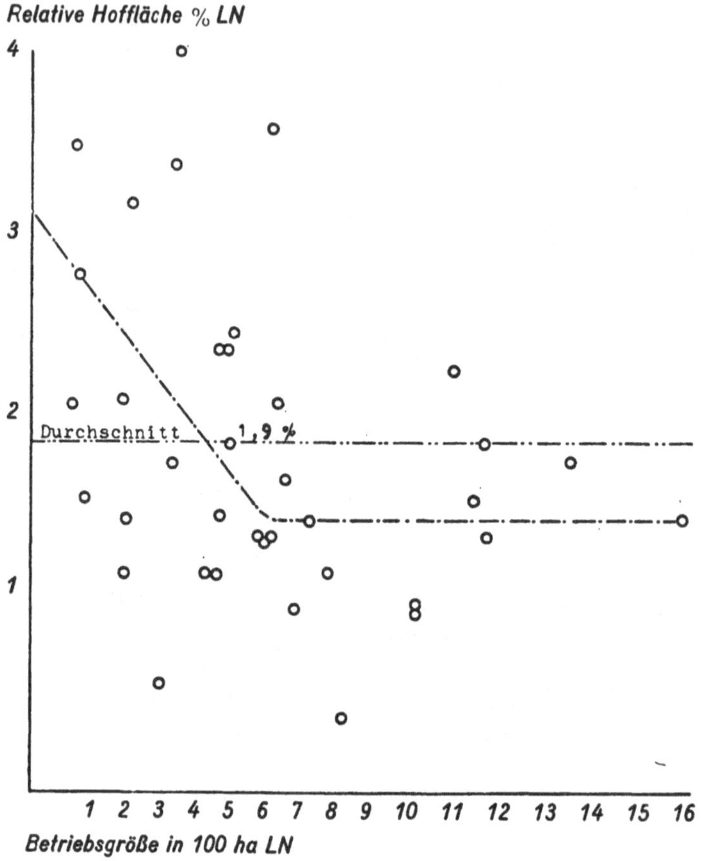

Abb. 7. Einfluß der Betriebsgröße auf die relative Hoffläche

c) Deduktive Betrachtung

Zur Beurteilung der Fläche, die für die gesamte Hofanlage benötigt wird, ist es sehr aufschlußreich, die im Statistischen Jahrbuch für das Deutsche Reich 1937 auf Seite 87 aufgeführten Werte zu betrachten:

Jahr	Landwirtschaftliche Nutzfläche	Haus- und Hofräume	
	ha	ha	% LN
1913	29 729 786	533 784	1,8
1930	29 376 606	631 031	2,1
1931	29 367 823	639 321	2,2
1932	29 369 743	645 699	2,2
1933	29 365 282	652 950	2,2
1934	29 347 815	661 997	2,3
1935	28 752 377	790 953	2,8
1936	28 746 842	809 390	2,8

Aus der vorstehenden Übersicht ist zu entnehmen, daß die Flächen für die Gehöftanlagen ständig zugenommen haben. Im übrigen sind darin alle Betriebsgrößenklassen vertreten. Das bestätigt nur den in den untersuchten Groß-

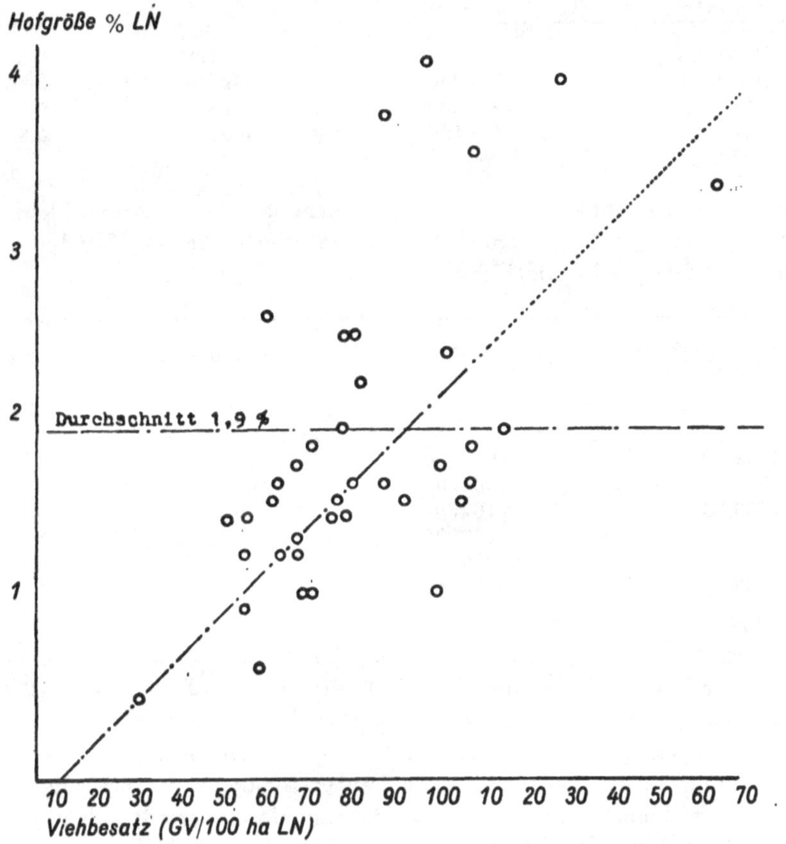

Abb. 8. Einfluß des Viehbesatzes auf die Hofgröße

betrieben gefundenen Wert von 1,9% LN, weil kleinere Betriebe einen relativ größeren Platzbedarf für die Gehöftanlage benötigten als Großbetriebe. Für die Deutsche Demokratische Republik können dem Statistischen Jahrbuch (106) Seite 200/201 folgende Werte entnommen werden:

Jahr	Landwirtschaftliche Nutzfläche	Gebäude und Hofﬂäche	
	ha	ha	% LN
1938	6656500	218900	3,3
1947	6359100	460600	7,2
1948	6384200	416200	6,5
1949	6390700	360100	5,6
1950	6528400	345600	5,3
1951	6548000	337300	5,2

Jahr	Landwirtschaftliche Nutzfläche	Gebäude und Hoffläche	
	ha	ha	% LN
1952	6525800	338100	5,2
1953	6511200	331700	5,1
1954	6497200	322800	5,0
1955	6476100	309600	4,8

Für die Bundesrepublik Deutschland mit einem sehr hohen Anteil kleinbäuerlicher Betriebe werden im Statistischen Jahrbuch für die Bundesrepublik Deutschland 1954, Seite 156/157, folgende Werte mitgeteilt:

Jahr	Landwirtschaftliche Nutzfläche	Gebäude und Hoffläche	
	ha	ha	% LN
1938/53	14612400	432800	3,0
1938	14584000	475100	3,3
1950/53	14162600	709200	5,0
1951	14122023	714203	5,1
1952	14205605	673930	4,7
1953	14197015	685338	4,8

Auch diese Zahlen, die jedoch vornehmlich für bäuerliche Betriebe gelten, verdeutlichen wieder die Zunahme der Hofflächen. Es wird offenbar, daß Großbetriebe relativ weniger Hoffläche benötigen als bäuerliche.
Unter Berücksichtigung der Tatsache, daß Wirtschaftsanlagen stets erweiterungsfähig sein müssen und daß künftig die Bauten für die Vorratshaltung und die Bauten für die Landtechnik größere Bedeutung erlangen werden als in der Vergangenheit, wird für landwirtschaftliche Großbetriebe eine Hoffläche von 2% LN für angemessen gehalten.

d) Schlußfolgerung

Die Untersuchungen des Platzbedarfes für die Gesamtanlage führte zu folgenden Ergebnissen:

1. Die Hoffläche lag in der Mehrzahl der untersuchten Betriebe zwischen 1,5 und 2,0 ha/100 ha LN, im Mittel bei 1,9% LN.
2. Für die Bauplanung landwirtschaftlicher Großbetriebe wird künftig eine Hoffläche von 2% LN für angemessen gehalten, davon für den Wirtschaftsbereich allein 1 bis 1,5% LN.
3. Wirtschaftsanlagen müssen stets erweiterungsfähig sein.
4. Die relative Hoffläche sinkt mit zunehmender Betriebsgröße (bis zu 600 ha LN) und steigt mit wachsendem Viehbesatz.

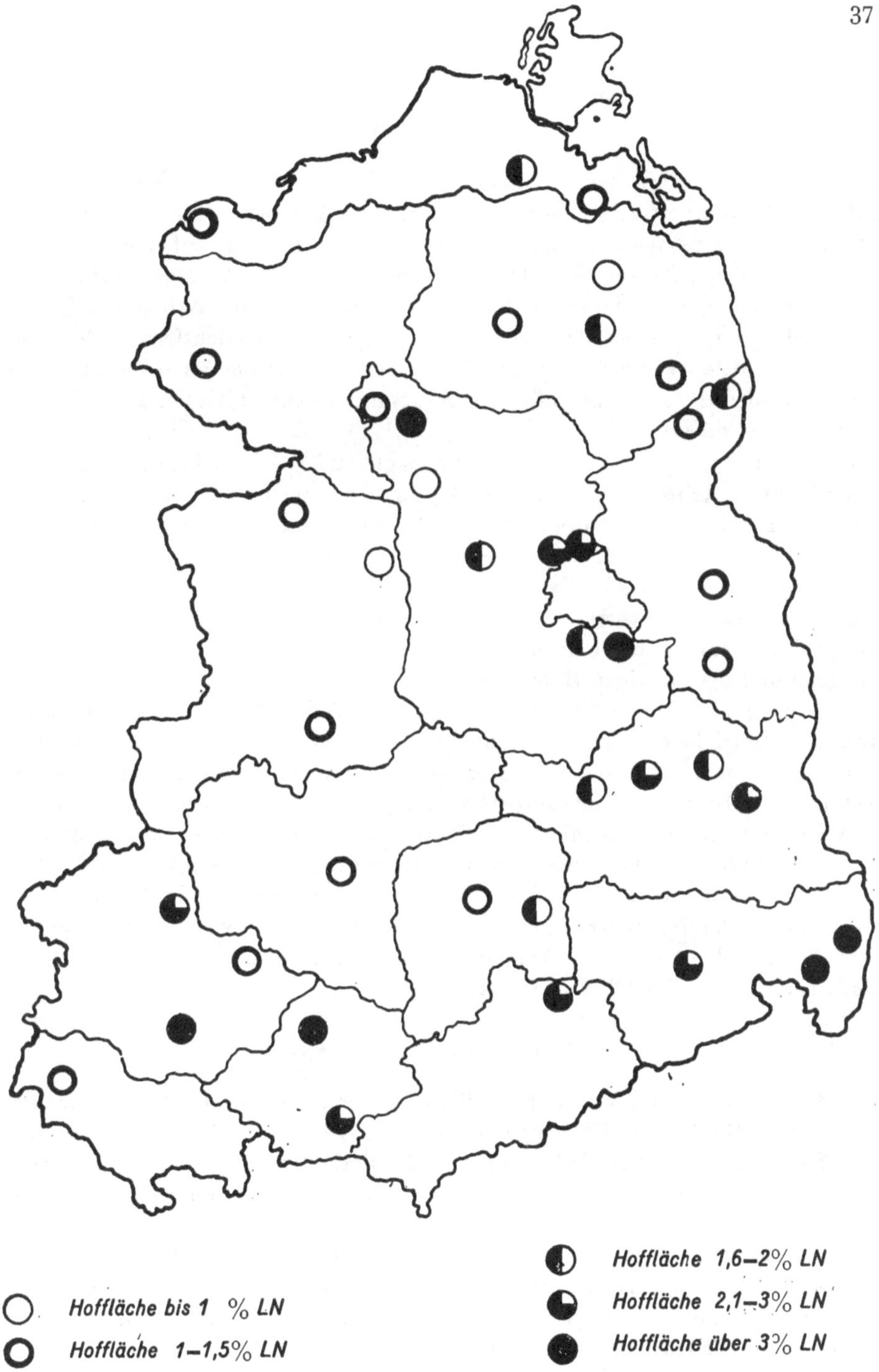

Abb. 9. Die relative Hoffläche bei 40 untersuchten Betrieben

III. WOHNUNGEN

a) Allgemeines

Bei dem hohen Anteil der Wohnbauten am Gesamtwert aller Gebäude lag es nahe, die Wohnungsfrage eingehender zu untersuchen, weil darüber noch wenig bekannt war. Das Wohnungsproblem ist sehr eng mit den auf den Betrieben beschäftigten Arbeitskräften verbunden. Alle untersuchten Betriebe hatten gutseigene Wohnungen, in denen die auf dem Gut beschäftigten Arbeiter wohnten. Zum Teil waren in den betriebseigenen Wohnungen auch betriebsfremde Personen untergebracht, aber andererseits arbeiteten in den Betrieben auch Personen, die keine gutseigenen Wohnungen hatten. Insgesamt gesehen bildeten diese aber bei weitem die Minderzahl.

Die Betriebe erstatteten monatlich bzw. quartalsweise Meldungen über die beschäftigten Arbeitskräfte. Diesen Meldungen wurden die Zahlen der Beschäftigten entnommen, woraus die Anzahl der Arbeitskräfte errechnet werden konnte. Dabei galten die voll Beschäftigten als 1 AK, lediglich Lehrlinge rechneten nur als 0,3 AK. Saisonarbeitskräfte wurden entsprechend ihrer Beschäftigungsdauer bewertet. Die Zahl der Arbeitskräfte umschloß nicht nur die Produktionsarbeiter, sondern auch das technische Personal, das Verwaltungspersonal und die sonstigen Beschäftigten.

Zur Klärung der Wohnverhältnisse dienten zum Teil statistische Meldungen, die von den Betrieben in bestimmten Zeitabständen erstattet werden mußten. Größtenteils aber gaben die Mietlisten Aufschluß über die Wohnverhältnisse. So waren von 28 Betrieben Einzelangaben, von 10 Betrieben nur Globalangaben und von 2 Betrieben keine Angaben zu erhalten. Aus den Mietlisten waren die Zahl der in den Wohnungen untergebrachten Personen, die Haushaltgröße, die Zahl der Wohnräume und Küchen sowie die zur Verfügung stehende Nutzfläche zu entnehmen. Die Nutzfläche ist nicht identisch mit der Wohnfläche, sondern schließt außerdem — soweit vorhanden — die Nebenflächen (Flur, Diele, Küche, Bad, Toilette und Abstellräume) mit ein.

b) Induktive Betrachtung

Für die Arbeitskalkulation und die Planung der Arbeitskräfte sind in neuerer Zeit durch BLOHM, RIEBE und VOGEL (9), durch BEYER (4) sowie durch THIEME und FINZEL (88) sehr geeignete Methoden mitgeteilt worden. Derartige Arbeitskräfteplanungen müssen der Planung des Wohnungsbaues vorausgehen.

In den untersuchten Betrieben waren im Mittel 6680 Personen beschäftigt. Das entspricht 6168 Vollarbeitskräften und, bezogen auf die Gesamtfläche der untersuchten Betriebe, 25,7 AK/100 ha LN. Der relative Arbeitskräftebesatz in den einzelnen Betrieben hatte eine Streuung von 30% des Mittelwertes. In diesem Zusammenhang interessierte, zu erfahren, welche Faktoren die Höhe des Arbeitskräftebesatzes beeinflussen.

Die in dieser Hinsicht durchgeführten Untersuchungen bewiesen, daß die Höhe des Arbeitskräftebesatzes nicht nur durch einen, sondern stets durch mehrere Faktoren beeinflußt wird. Die Betriebsgröße (Abb. 10) und der Viehbesatz

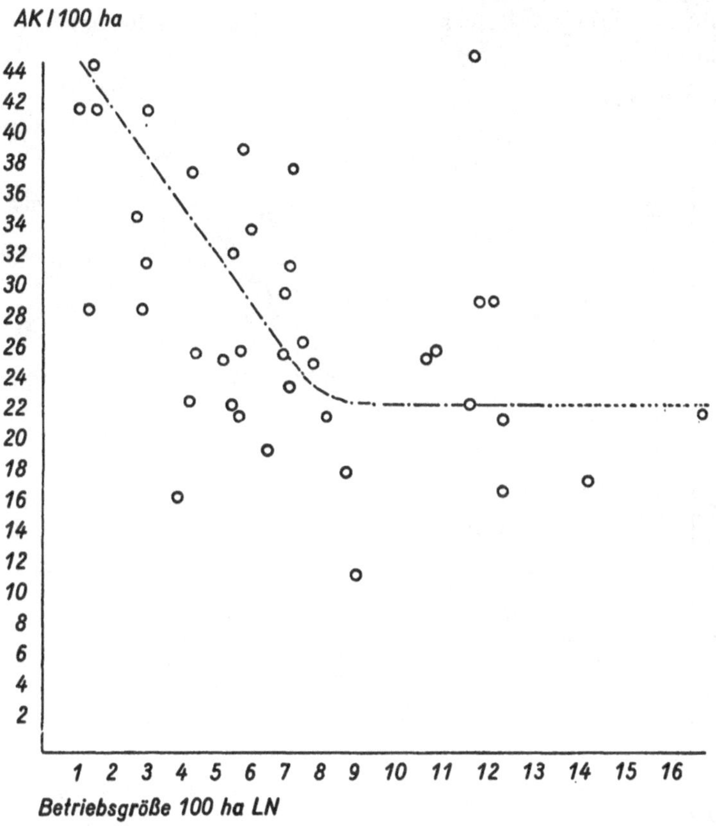

Abb. 10. Beziehungen zwischen der Betriebsgröße und dem relativen Besatz an Arbeitskräften

(Abb. 11) beeinflussen die Höhe des Arbeitskräftebesatzes sehr stark. Demgegenüber tritt der Einfluß des Nutzflächenverhältnisses etwas zurück, was am Beispiel des Hackfruchtbaues in Abb. 12 erläutert wird. Während bei Betriebsgröße und Viehbesatz der Trend sehr deutlich zu bemerken ist, ist die Streuung bei der Korrelation zum Umfang des Hackfruchtbaues wesentlich größer und unregelmäßiger, so daß es schwer fällt, überhaupt einen Trend festzustellen.
In den untersuchten Betrieben waren folgende Schwankungsbereiche im relativen Arbeitskräftebesatz bei den verschiedenen Betriebstypen festzustellen:

Getreidebaubetriebe	von 10,6 bis 28,5	AK je 100 ha LN
Hackfruchtbaubetriebe	von 17,7 bis 43,7	
Futterbau-Getreidebau-Betriebe . . .	von 16,2 bis 41,0	
Futterbau-Hackfruchtbau-Betriebe . .	von 17,6 bis 44,6	

Insofern treffen die Ausführungen von NIEMKE (65) nicht zu, der die Ansicht vertritt, daß die Anzahl der zu beschäftigenden Arbeitskräfte vom Betriebstyp und hier wieder allein vom Nutzflächenverhältnis bestimmt wird. Neben den angeführten Faktoren haben auch die besonderen örtlichen Verhältnisse einen Einfluß auf den Arbeitskräftebesatz, was sich jedoch im allgemeinen nicht sehr bemerkbar macht.

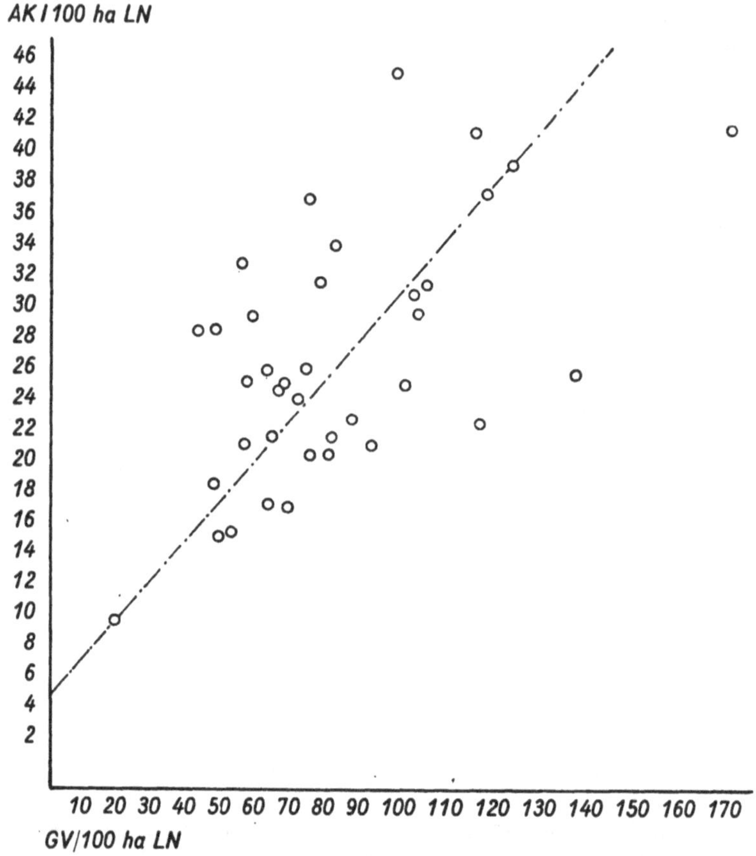

Abb. 11. Beziehungen zwischen dem Viehbesatz und dem Besatz an Arbeitskräften

Für die Planung der Wohnungen ist die Kenntnis der Höhe des Arbeitskräftebesatzes indessen wertlos, solange nichts über deren Beziehungen zur Anzahl der Wohnungseinheiten bekannt ist. Abb. 13 zeigt indessen, daß hierbei eine eindeutige Korrelation besteht: Die Anzahl der Wohnungseinheiten steigt mit zunehmendem Arbeitskräftebesatz.

Ebenso deutlich sind die Beziehungen, die zwischen der Zahl der Einwohner und der Zahl der Arbeitskräfte bestehen (Abb. 14). Mit zunehmender Zahl von Bewohnern nimmt die Zahl der Beschäftigten linear zu. Die Berechnungen ergaben, daß im Mittel aller untersuchten Betriebe

100 Einwohnern = 65 Arbeitskräfte
oder
100 Arbeitskräften = 153 Einwohner

entsprachen. Die Streuung betrug dabei 27,4% des Mittelwertes. Diesen Werten, die aus den Summen aller Einwohner und aller Arbeitskräfte der untersuchten Betriebe errechnet wurden, sind die Werte sehr ähnlich, die sich aus den Durch-

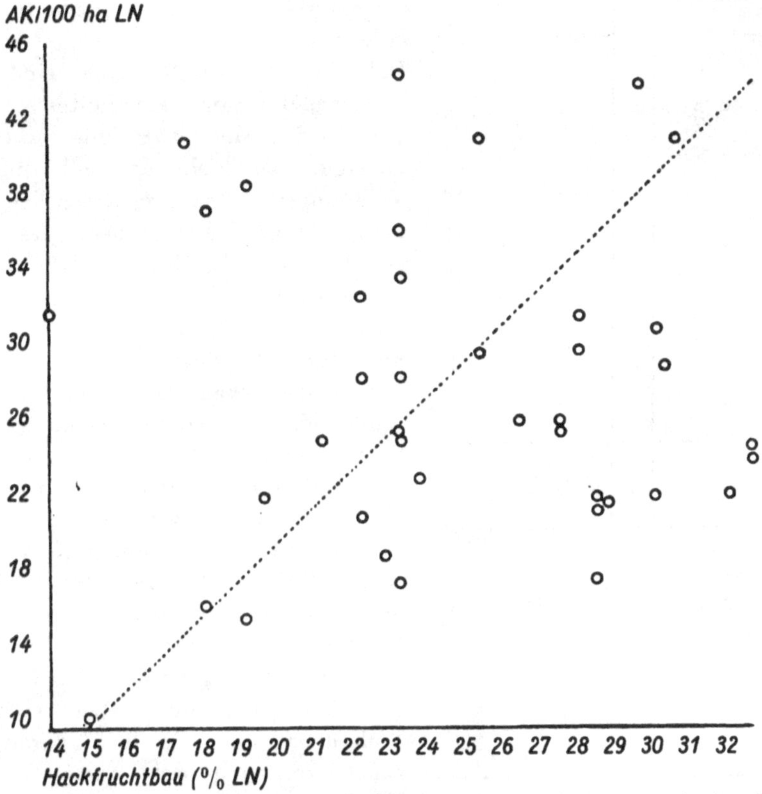

Abb. 12. Beziehungen zwischen dem Umfang des Hackfruchtbaues und der Zahl der Arbeitskräfte

schnittswerten der je Haushalt wohnenden und beschäftigten Personen ergeben. Bei einem Variationskoeffizienten von nur 10 zeigte sich nämlich, daß im Mittel aller untersuchten Betriebe 3,6 Personen je Haushalt wohnten. Jeder Haushalt stellte im Mittel 2,2 Arbeitskräfte. Das bedeutet also, daß im Mittel aller Haushalte die Beschäftigten 61% der Bewohner oder daß die Bewohner 164% der Arbeitskräfte sind. Die Zahl der je Haushalt Beschäftigten unterliegt naturgemäß einer größeren Streuung als die der durchschnittlichen Bewohner. Der Variationskoeffizient beträgt 31. In Abb. 15 wurde darum eingezeichnet, wieviel AK je Haushalt in den verschiedenen Betrieben vorhanden waren. Betriebe mit schlechten Wohnverhältnissen hatten viele AK je Haushalt.

TABELLE 2: Durchschnittswerte von 2225 untersuchten Wohnungseinheiten

Art	% aller Wohnungen	s%	% aller Wohnungen einschl. Einzelzimmer	s%	Nutzfläche m² je Bewohner	s%	Personen je Wohnung	s%	Nutzfläche m² je Wohnung
Spalte	1	2	3	4	5	6	7	8	9
Einzelzimmer	—	—	12	68	10	26	1,6	37	16
Einzimmerwohnungen .	29	59	25	61	11	27	2,6	20	27
Zweizimmerwohnungen .	48	25	42	26	12	25	3,6	15	43
Dreizimmerwohnungen .	20	56	18	52	12	23	4,5	16	55
Größere Wohnungen . .	3	145	3	145	15	26	4,8	30	71
Insgesamt.	100	×	100	×	11,5	14	3,6	10	×

Für die Planung der Wohnungen ist es unerläßlich, zu wissen, welche Wohnungsgrößen benötigt werden. In Tab. 2 sind die Durchschnittswerte von 274 Einzelzimmern ohne Küche und 1951 Wohnungen mit Küche, also von insgesamt 2225 Wohnungseinheiten aufgeführt.

Die Zweizimmerwohnungen sind verhältnismäßig am konstantesten vertreten. Sie sind also am gebräuchlichsten. Die kleineren und größeren Wohnungen haben eine wesentlich stärkere Streuung. Am ausgeprägtesten ist sie bei den „größeren Wohnungen", zu denen alle Wohnungen rechnen, die mehr als vier Zimmer haben. Dies traf nur für 18 Betriebe zu. Bei den übrigen Betrieben war die größte Wohnung eine Dreizimmerwohnung. Die Streuung bei den Wohnungsgrößen (Spalte 6) und bei der Belegungsdichte (Spalte 8) ist geringer als bei der Verteilung der Wohnungen auf die einzelnen Größenordnungen (Spalte 2). In den Spalten 6 und 8 fällt auf, daß die Variationskoeffizienten für alle Wohnungseinheiten geringer sind als für die darüber aufgeführten einzelnen Wohnungsgrößen. Das liegt daran, daß zur Berechnung der untersten Zeile die Gesamtwerte der einzelnen Betriebe herangezogen wurden, so daß die gröbsten Unterschiede schon ausgeglichen waren. Die darüber stehenden Werte sind aus den Einzelangaben der untersuchten Betriebe berechnet.

Der Mittelwert von 3,6 Personen je Wohnungseinheit ist das einfache arithmetische Mittel aus den Durchschnittswerten aller Wohnungen (ohne Einzelzimmer) der untersuchten Betriebe. Bei der Berechnung des gewogenen arithmetischen Mittels ergibt sich der Wert

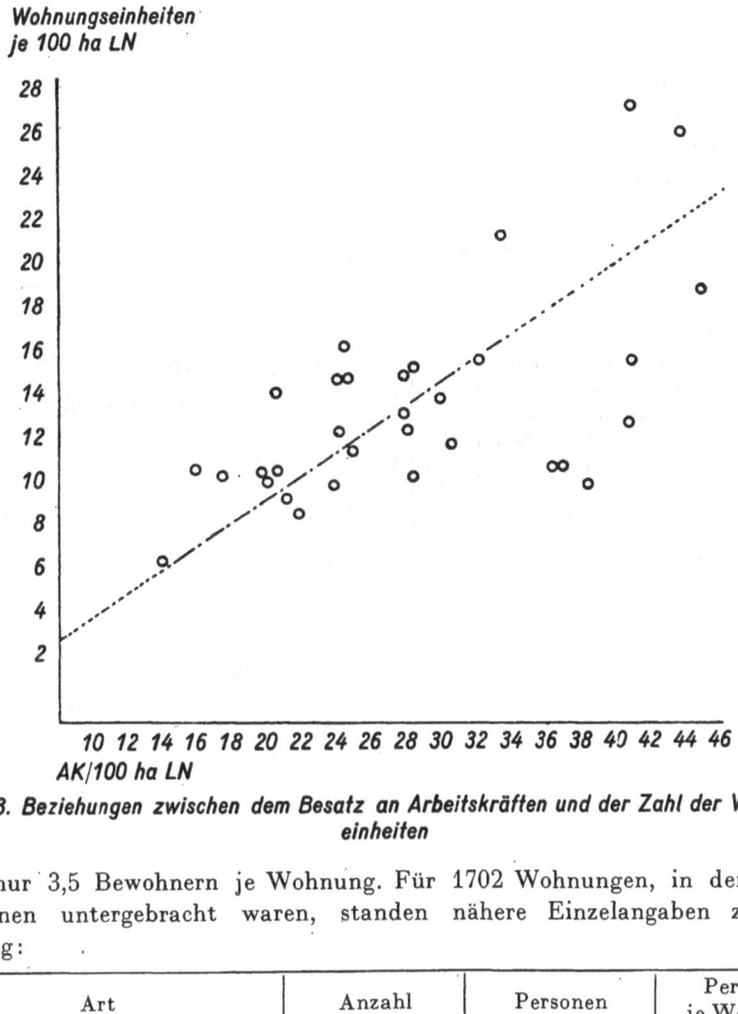

Abb. 13. Beziehungen zwischen dem Besatz an Arbeitskräften und der Zahl der Wohnungseinheiten

von nur 3,5 Bewohnern je Wohnung. Für 1702 Wohnungen, in denen 5925 Personen untergebracht waren, standen nähere Einzelangaben zur Verfügung:

Art	Anzahl	Personen	Personen je Wohnung
Einzelzimmer	253	412	1,6
Einzimmerwohnungen	541	1358	2,5
Zweizimmerwohnungen . . .	785	2841	3,6
Dreizimmerwohnungen	323	1464	4,5
Wohnungen mit vier und mehr Zimmern	53	262	4,9
Wohnungen ohne Einzelzimmer	1702	5925	3,5

Die Wohnungen allein geben indessen kein klares Bild für die Planung. Deswegen wurden auch noch die Haushaltgrößen untersucht. Hierfür standen Angaben von 1942 Haushalten zur Verfügung. Diese Zahl ist um 283 geringer als die Zahl der untersuchten Wohnungseinheiten. Das läßt sich einesteils dadurch erklären, daß über die Haushalte nicht in demselben Ausmaß Angaben zu erhalten waren wie über die Wohnungen, zum anderen aber dadurch, daß einige Wohnungen und vor allem Einzelzimmer zum Zeitpunkt der Untersuchung leer standen.

Die folgende Übersicht stellt die Verteilung der untersuchten Haushalte auf die einzelnen Größenklassen dar. Wegen der guten Übereinstimmung mit der Verteilung der Wohnungsgrößen sind die entsprechenden Werte aus Tabelle 2 (Seite 42) den einzelnen Haushaltgrößen gegenübergestellt:

s%		%		%		s%
66	Einpersonenhaushalte. .	13		12	Einzelzimmer	68
39	Zweipersonenhaushalte .	24		25	Einzimmerwohnungen.	61
39	Dreipersonenhaushalte .	23	42	42	Zweizimmerwohnungen	26
43	Vierpersonenhaushalte .	19				
35	Fünfpersonenhaushalte .	11	16	18	Dreizimmerwohnungen	52
77	Sechspersonenhaushalte.	5				
100	Siebenpersonenhaushalte	3	5	3	Größere Wohnungen .	145
103	Größere Haushalte. . .	2				
×	Insgesamt	100		100		×

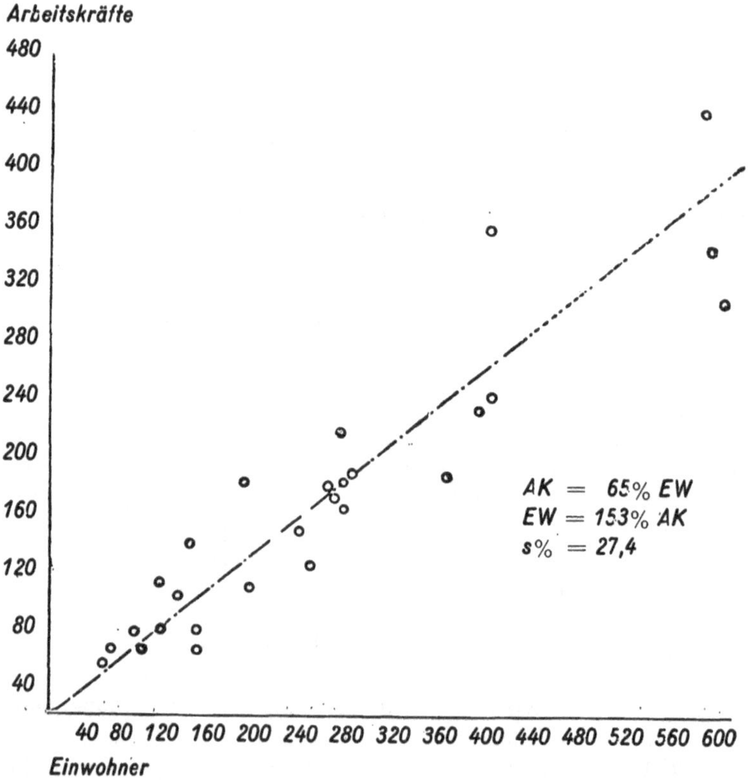

Abb. 14. Beziehungen zwischen Einwohnern und Arbeitskräften

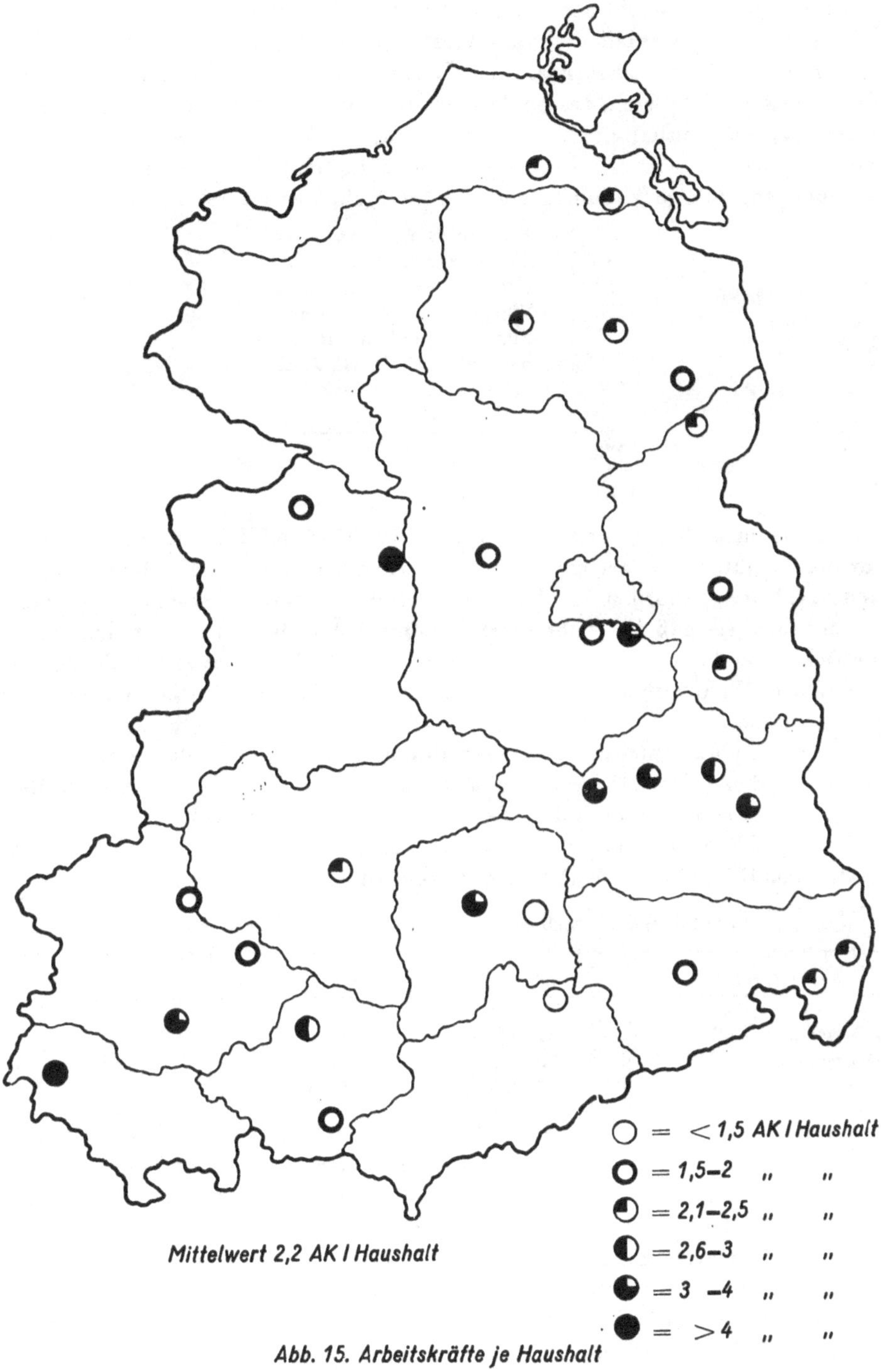

Abb. 15. Arbeitskräfte je Haushalt

Trotz der guten Übereinstimmung darf daraus vorerst noch nicht die Schlußfolgerung gezogen werden, daß diese Werte optimal und überall anwendbar sind. In der landwirtschaftlichen Praxis ist allgemein bekannt, daß es mit den Wohnverhältnissen nicht zum besten bestellt ist. Hier spielt auch die sehr große Streuung, der Haushalte und Wohnungen unterworfen sind, eine Rolle.
Von den 6774 Personen, die in den untersuchten 2225 Einzelzimmern und Wohnungen (3,04 je Wohnungseinheit) untergebracht waren, wohnten:

4%	in Einzelpersonenhaushalten
14%	in Zweipersonenhaushalten
22%	in Dreipersonenhaushalten
23%	in Vierpersonenhaushalten
17%	in Fünfpersonenhaushalten
9%	in Sechspersonenhaushalten
6%	in Siebenpersonenhaushalten
5%	in größeren Haushalten
100%	

b) Deduktive Betrachtung

Zur Überprüfung der in den untersuchten Betrieben gefundenen Werte wurden für die deduktive Betrachtung Schrifttumsangaben, statistische Daten und die neuesten Entwurfsnormen für den ländlichen Wohnungsbau herangezogen. Dabei ist zu bedenken, daß die Wohnungen in den meisten Betrieben älter sind als die Betriebsgebäude und daß schon aus diesem Grunde die vor etwa 100 Jahren geschaffenen Wohnverhältnisse nicht als Vorbild für die künftige Bauplanung dienen können.
Wenn in den untersuchten Betrieben durchschnittlich 65% der Bewohner in einem ständigen Beschäftigungsverhältnis standen, so liegt das wesentlich über dem allgemeinen Durchschnitt. Dem Statistischen Jahrbuch des Deutschen Reiches 1937, S. 21 und dem Statistischen Jahrbuch der Deutschen Demokratischen Republik 1955, S. 9 und 26 sind zu entnehmen:

Anteil der Erwerbspersonen an der Gesamtbevölkerung

	insgesamt	männlich	weiblich
Deutschland 1925 . .	51,3%	68,0%	35,6%
Deutschland 1933 . .	49,5%	65,7%	34,2%
DDR . . . 1950 . .	46,1%	62,3%	32,6%

Der höhere Anteil der Erwerbstätigen in der Landwirtschaft ist leicht zu verstehen, weil dort mehr Möglichkeiten und oftmals auch eine größere Notwendigkeit für die Mitarbeit der Ehefrauen und der erwachsenen Kinder bestehen als das beispielsweise in der Stadt der Fall sein kann. Gleichwohl dürfte in der Zukunft keineswegs mehr mit einem Ansteigen dieses Wertes, sondern eher mit einem Absinken zu rechnen sein, wenn auch nicht gleich nur 45% erreicht werden, wie das NIEMKE (65) für richtig befindet. Aber ein Wert, der zwischen 50 und 60% liegt, wird für angemessen erachtet. Bei 7 von 31 (= 23%) untersuchten Betrieben lag der Wert in diesem Bereich, bei 3 (= 10%) Betrieben wurde er noch unterboten. Es liegt also durchaus im Bereich der Möglichkeiten, diesen Wert zu erreichen.

Die induktive Betrachtung hatte gezeigt, daß im Durchschnitt je Haushalt 3,6 Personen wohnen. Dieser Wert stimmt genau überein mit dem deutschen Durchschnitt des Jahres 1937. Dem Statistischen Jahrbuch des Deutschen Reiches 1937, S. 36, sind folgende Werte zu entnehmen:

Auf eine (Einzel- und Familien-) Haushaltung kommen		Personen
in Gemeinden mit weniger als 2000	Einwohnern	4,26
„ „ „ 2000 bis unter 5000	„	3,72
„ „ „ 5000 „ „ 10000	„	3,57
„ „ „ 10000 „ „ 20000	„	3,44
„ „ „ 20000 „ „ 50000	„	3,40
„ „ „ 50000 „ „ 100000	„	3,39
„ „ „ 100000 und mehr	„	3,18
Sämtliche Gemeinden		3,61

Naturgemäß unterliegen diese Werte gewissen Schwankungen, wie aus folgender Übersicht zu ersehen ist, die nach Angaben aus dem Statistischen Jahrbuch für das Deutsche Reich 1937, S. 36, aus dem Statistischen Jahrbuch für die Bundesrepublik Deutschland 1954, S. 43, und dem Statistischen Jahrbuch der Deutschen Demokratischen Republik 1955, S. 24 bis 25, zusammengestellt wurde:

	Jahr	Personen je Haushalt
Deutschland	1910	4,6
„	1925	4,3
„	1933	3,8
„	1937	3,6
Bundesrepublik Deutschland (Mehrpersonenhaushalte)	1950	3,5
Bundesrepublik Deutschland (Mehrpersonenhaushalte und Einzelhaushaltungen)	1950	3,1
Deutsche Demokratische Republik (Haushalte ohne Anstaltshaushalte)	1950	2,7

Aus den beiden vorhergehenden Übersichten ist zu entnehmen, daß die Durchschnittszahl der je Haushalt wohnenden Personen sowohl mit zunehmender Größe der Gemeinde wie auch im Verlaufe des letzten halben Jahrhunderts abgenommen hat. Das ist durch eine allgemeine Verbesserung der Wohnverhältnisse zu erklären. Wenn gerade die kleinsten Gemeinden den höchsten Durchschnittswert ergeben, so beleuchtet das einmal die ungünstigen Wohnverhältnisse auf dem Lande; sie machen es notwendig, daß mehr Personen in einem Haushalt zusammen wohnen als in der Stadt. Zum anderen ist dies wahrscheinlich durch den hohen Anteil bäuerlicher Bevölkerung zu erklären; sie beschäftigt vielfach ledige Arbeitskräfte, die dann mit zum Haushalt rechnen.

Es liegt also nahe, anzunehmen, daß künftig mit zunehmender Verbesserung der Wohnverhältnisse auf dem Lande auch in den Landarbeiterhaushalten eine fallende

Tendenz zu bemerken sein wird. Als künftiger Durchschnittswert werden etwa 3,4 Personen je Haushalt für richtig angesehen.
Mit einer Verbesserung der Wohnverhältnisse wird künftig nicht nur die Durchschnittszahl der je Haushalt wohnenden Personen, sondern auch die Zahl der Arbeitskräfte je Haushalt sinken. Die induktive Betrachtung ergab im Durchschnitt aller untersuchten Betriebe 2,20 AK/Haushalt. Dieser Wert liegt über dem, den BLOHM (7) auf Grund der Untersuchungen von ESCHNER, JENRIK, LIETZAU und SCHADEBERG für die Bauernfamilien mit 2,09 und für Landarbeiterfamilien mit 1,92 AK je Familie angibt. Der höhere Wert in den von uns untersuchten Haushaltungen ist dadurch zu erklären, daß nicht zu ermitteln war, wieviel Arbeitskräfte aus Einzelhaushaltungen und wieviel aus Mehrpersonenhaushaltungen stammten. Gleichwohl muß die Schlußfolgerung gezogen werden, daß künftig bei allgemeiner Verbesserung der Wohnverhältnisse auf dem Lande nicht mehr mit 2,2 AK je Haushalt, sondern nur noch mit 1,9 bis 2,0 AK zu rechnen ist. Das würde dann auch mit der Forderung übereinstimmen, daß der Anteil der Arbeitskräfte an den Bewohnern zwischen 50 und 60% liegen soll, wenn je Haushalt nur 3,4 Personen wohnen.
Die Verbesserung der Wohnverhältnisse auf dem Lande betrifft auch die Größenordnung der einzelnen Wohnungen und deren Verhältnis zueinander. Zur Klärung dieser Frage wurden in der folgenden Tabelle 3 die wichtigsten Daten aus den angeführten statistischen Unterlagen aufgeführt.
Tabelle 3 ist in die Säulen a, b und c unterteilt. Säule a stellt die Entwicklung von 1910 bis 1933 dar. Dabei zeigt sich allgemein eine Zunahme der Haushalte mit 2 bis 4 Personen bei gleichzeitiger Abnahme der größeren Haushalte mit 5 und mehr Personen. Diese Tatsache wird durch die Säule b mit Werten aus den Jahren 1950 und 1955 noch bestätigt. Allerdings sind a und b nicht ganz miteinander vergleichbar, weil sich a nur auf die Mehrpersonenhaushalte bezieht, während b auch die Einzelhaushaltungen mit berücksichtigt. Dennoch ist die Tendenz deutlich zu erkennen. In Säule c ist die gleiche Erscheinung der Zunahme der kleineren Haushalte und der Abnahme der größeren Haushalte bei zunehmenden Gemeindegrößen festzustellen. Der Schluß liegt nahe, daß der hohe Anteil der größeren Haushalte in den kleineren Gemeinden weniger auf einen größeren Kinderreichtum als vielmehr auf die Ungunst der Wohnverhältnisse zurückzuführen ist, die oftmals das Zusammenwohnen von drei Generationen in einem Haushalt erforderlich macht, während in größeren Gemeinden wegen besserer Wohnverhältnisse eine Trennung eher möglich ist. Die in den untersuchten Betrieben gefundenen Werte (Säule b, links) stimmen relativ gut mit denen überein, die in Gemeinden mit mehr als 10000 Einwohnern festgestellt wurden. Der Unterschied liegt lediglich darin, daß in der Landwirtschaft überdurchschnittlich viel Einzelhaushaltungen bestehen, was auf den relativ hohen Anteil an ledigen Arbeitskräften zurückzuführen sein dürfte. Es steht indessen zu erwarten, daß künftig mehr verheiratete Landarbeiter beschäftigt werden können, wenn die entsprechenden Wohnungen zur Verfügung stehen. Andererseits dürften hier in der Zukunft die Lehrlings- und die Altersheime von Bedeutung sein.

TABELLE 3: **Verteilung der Haushaltgrößen i**

Haushaltgrößen	a: Deutsch- land 1910	a: Deutsch- land 1925	a: Deutsch- land 1933	b: untersuchte Betriebe 1955	b: Deutsche Demokratische Republik 1950
Einzelhaushaltungen	x	x	x	13	20,6
Haushalte mit 2 Personen	16,4	18,9	23,7	24	30,4
,, ,, 3 ,,	19,3	24,2	27,1	23 } 42	23,7 } 37,9
,, ,, 4 ,,	18,9	21,1	21,0	19	14,2
,, ,, 5 ,,	15,6	14,7	12,9	11 } 16	6,4 } 9,1
,, ,, 6 ,,	11,5	9,2	7,3	5	2,7
,, ,, 7 ,,	7,7	5,5	3,9	3 } 5	1,2 } 2
,, ,, 8 und mehr Personen	10,6	6,4	4,1	2	0,8
insgesamt	100	100	100	100	100
Durchschnittlich Personen je Haushalt	4,6	4,3	3,8	3,6	2,7

hren, Gebieten und Gemeinden in Relativzahlen

c

Deutschland 1937 Gemeinden mit . . . . Einwohnern						
weniger als 2000	2000 bis unter 5000	5000 bis unter 10000	10000 bis unter 20000	20000 bis unter 50000	30000 bis unter 100000	100000 und mehr
6,3	8,3	8,9	9,1	9,2	9,0	9,5
14,9	19,7	21,6	22,6	23,5	23,5	27,0
19,3 } 38,7	24,0 } 43,7	25,0 } 44,4	26,4 } 46,2	26,7 } 46,1	26,8 } 46,8	28,4 } 47,1
19,4	19,7	19,4	19,8	19,4	20,0	18,7
15,5 } 26,2	12,6 } 20	11,7 } 18,2	11,1 } 16,7	10,8 } 16,2	10,8 } 16,0	9,2 } 13,4
10,7	7,4	6,5	5,6	5,4	5,2	4,2
6,5 } 13,9	4,0 } 8,3	3,4 } 6,9	2,8 } 5,4	2,6 } 5,0	2,5 } 4,7	1,7 } 3,0
7,4	4,3	3,5	2,6	2,4	2,2	1,3
100	100	100	100	100	100	100
4,26	3,72	3,57	3,44	3,40	3,39	3,18

Die Verteilung der einzelnen Haushalte unterliegt zwar einer sehr starken Streuung, doch werden als Grundlage für die Planung künftig folgende Werte für angemessen erachtet:

Einzelhaushaltungen	9%
Haushalte mit 2 Personen	24%
„ „ 3 und 4 Personen . . .	46%
„ „ 5 „ 6 „ . . .	16%
„ „ 7 „ mehr Personen .	5%
Insgesamt	100%

Die Verteilung der Haushaltgrößen bestimmt jedoch die notwendigen Wohnungsgrößen nicht allein. Maßgeblich ist hier auch die soziale Stellung des Wohnungsinhabers und das Alter der Kinder. Infolgedessen werden sich Haushaltgrößen und Wohnungsgrößen stets überschneiden. Als normale Belegung des Wohnraumes dürfte aber gelten:

1. Einzelzimmer oder Einraumwohnungen . . .	1 Person
2. Wohnungen mit 1 Zimmer	1 bis 2 Personen
3. „ „ 2 Zimmern	2 „ 4 „
4. „ „ 3 „	3 „ 5 „
5. „ „ 4 und mehr Zimmern. . . .	4 und mehr Personen

Es darf angenommen werden, daß sich die Haushaltungen etwa folgendermaßen verteilen:

1. Einzelhaushaltungen	66% Einzelzimmer
	34% 1-Zimmerwohnungen
2. Haushalte mit 2 Personen	50% 1-Zimmerwohnungen
	50% 2-Zimmerwohnungen
3. „ „ 3 und 4 Personen . .	66% 2-Zimmerwohnungen
	34% 3-Zimmerwohnungen
4. „ „ 5 „ 6 „	66% 3-Zimmerwohnungen
	34% 4-Zimmerwohnungen
5. „ „ 7 „ mehr Personen	100% Wohnungen mit mehr als 4 Zimmern

Unter Berücksichtigung dieser Hypothesen ergibt sich etwa folgende Verteilung der Wohnungsgrößen, die der oben erhobenen Forderung nach Verbesserung der Wohnverhältnisse Rechnung trägt und die in der folgenden Übersicht dem gegenwärtigen Zustand und den Werten von NIEMKE (65) gegenübergestellt wird:

Wohnungsgröße	Gegenwärtiger Zustand %	Künftig für richtig befunden %	Vorschlag NIEMKE (65) %
Einzelzimmer oder Einraumwohnungen	12	6	—
Wohnungen mit 1 Zimmer . .	25	15	—
Wohnungen mit 2 Zimmern . .	42	43	36
Wohnungen mit 3 Zimmern . .	18	27	32
Wohnungen mit 4 und mehr Zimmern	3	9	32
Insgesamt	100	100	100

Hierbei bestehen naturgemäß von Betrieb zu Betrieb starke Unterschiede. Der Vorschlag von NIEMKE (65) dürfte nicht entsprechen. Es gilt vielmehr in Zukunft eine Verminderung des Anteiles der Einzelzimmer und der Einzimmerwohnungen und eine Vergrößerung des Anteiles der Wohnungen mit zwei und mehr Zimmern zu erreichen. Diese Entwicklung steht genau im Gegensatz zu jener, wie sie bei den Haushaltungen angeführt wurde. Sie soll aber eine Verbesserung der Wohnverhältnisse herbeiführen, weil dann je Bewohner mehr Wohnraum oder zumindest mehr Nutzfläche zur Verfügung steht.

Bei der induktiven Betrachtung (Tabelle 2) ergab sich, daß im Mittel aller untersuchten Wohnungen je Bewohner 11,5 m² zur Verfügung standen. Auf Grund der neuesten Entwurfsnormen für den ländlichen Wohnungsbau wurde errechnet, wieviel Nutzfläche heute je Bewohner zur Verfügung stehen würde. Als Beispiel wird eine Zweizimmerwohnung gewählt, deren Werte, wie aus Tabelle 2 (Seite 42) zu entnehmen ist, etwa den Durchschnittswerten entsprechen. (Analog an kleineren oder größeren Wohnungen durchgeführte Untersuchungen ergaben ähnliche Verhältnisse.)

Die Entwurfsnormen sehen vor:

Wohnzimmer	17	bis	20	m²
Schlafzimmer	14	,,	17	m²
Küche	8	,,	10	m²
Speisekammer	0,5	,,	1,5	m²
Diele	6	,,	10	m²
Bad und WC	3,5	,,	4	m²
Abstellraum	3	,,	4	m²
Insgesamt	52	bis	64,5	m²
Im Mittel			59	m²

Bei Belegung mit 3 Personen = 20 m² je Person.

Bei einer Dreizimmerwohnung erhöht sich der Wert von 59 m² um weitere 17 m² auf 76 m². Bei einer durchschnittlichen Belegung von 4 Personen ergeben sich im Mittel 19 m² Nutzfläche je Bewohner. Daraus folgt, daß im großen Durchschnitt gesehen, die gegenwärtig zur Verfügung stehenden Wohnungen, die aus dem letzten Jahrhundert stammen, entsprechend den heute zu stellenden Ansprüchen um etwa 30 bis 40% zu klein sind. Das beruht vor allem auf dem Mangel an Nebenräumen, die aber unerläßliche Bestandteile einer Wohnung sind. Andererseits beruht es auf der zu starken Belegung der Wohnungen.

d) Schlußfolgerung

Die Untersuchungen der Wohnverhältnisse in den untersuchten Betrieben verdeutlichten die allgemein bekannte Tatsache, daß die Wohnverhältnisse noch recht ungünstig sind. Im einzelnen konnten folgende Erkenntnisse gewonnen werden:

1. Die Zahl der Wohnungen steht in engem Zusammenhang mit der Zahl der in den Betrieben beschäftigten Arbeitskräfte.

2. Die Höhe des Arbeitskräftebesatzes hängt von der Betriebsgröße und vom Viehbesatz ab. Der Einfluß des Nutzflächenverhältnisses ist demgegenüber geringer.
3. Der Anteil der Arbeitskräfte an den Einwohnern betrug im Durchschnitt der untersuchten Betriebe 65%. Für die Zukunft wird ein Anteil für richtig befunden, der zwischen 50 und 60% der Einwohner liegt.
4. Im Durchschnitt der untersuchten Betriebe waren 3,6 Personen je Haushalt festzustellen. Dieser Wert stimmt mit dem deutschen Durchschnitt des Jahres 1937 überein, liegt jedoch etwas über dem der Bundesrepublik Deutschland 1950 und stark über dem Gesamtdurchschnitt der Deutschen Demokratischen Republik von 1950. Für die Zukunft wird ein Wert von 3,4 für richtig angesehen.
5. Im Durchschnitt der untersuchten Betriebe wurden 2,2 AK je Haushalt ermittelt. Für die Zukunft wird ein Wert für richtig befunden, der zwischen 1,9 und 2,0 liegt.
6. Nach einer gründlichen Analyse der Haushalt- und Wohnungsgrößen wird für die Zukunft folgende Verteilung der Wohnungsgrößen für zweckmäßig angesehen, wobei zu berücksichtigen ist, daß dabei sehr starke Unterschiede von Betrieb zu Betrieb bestehen werden:

Einzelzimmer	6%
Einzimmerwohnungen	15%
Zweizimmerwohnungen	43%
Dreizimmerwohnungen	27%
Größere Wohnungen	9%
Zusammen	100%

7. Eine Analyse der je Bewohner zur Verfügung stehenden Nutzfläche ergab, daß wegen der fehlenden Nebenräume und der zu dichten Belegung die aus dem vergangenen Jahrhundert stammenden Wohnungen entsprechend den heute an Wohnungen zu stellenden Raumanforderungen um etwa 30 bis 40% zu klein sind.
8. Weil Bäder und Vorratsräume in den meisten Altwohnungen fehlen und auch nicht mehr eingebaut werden können, sind entsprechende Gemeinschaftseinrichtungen zu schaffen (Dorfwirtschaftshäuser). Eine große Bedeutung kommt in diesem Zusammenhang auch den kulturellen Gemeinschaftseinrichtungen, z. B. den Kulturhäusern, zu.
9. Aus all dem ergibt sich, daß zur Verbesserung der Wohnverhältnisse auf dem Lande folgendes zu geschehen hat:
   a) Die Betriebe sind so zu rationalisieren, daß Arbeitskräfte eingespart werden können und so die Überbelegung der vorhandenen Wohnungen gemindert wird. Im übrigen sind mehr Wohnungen zu bauen, weil sich die Zahl der je Wohnung untergebrachten Personen und die je Haushalt zählenden Arbeitskräfte verringern müssen, wenn das Lebensniveau der Stadt erreicht werden soll.

b) Ein höherer Anteil größerer Wohnungen ist notwendig, damit die nachteilige Überbelegung vermieden wird.

c) Die Wohnungen müssen mit mehr Nebenräumen ausgestattet, also insgesamt größer projektiert werden, als das im letzten Jahrhundert geschah, um dem steigenden Lebensniveau auf dem Lande Rechnung zu tragen. Hierfür wurden einzelne Zahlenwerte angeführt.

IV. BAUTEN FÜR DIE VORRATSHALTUNG

Zu den Bauten für die Vorratshaltung rechnen alle die Gebäude, in denen die in der pflanzlichen Erzeugung gewonnenen Produkte aufbewahrt werden: die Bergeräume und Scheunen, die Speicher und Lagerhäuser sowie die Gärfutterbehälter. Die Handelsdüngerlager, welche die pflanzliche Produktion unterstützen, rechnen ebenfalls dazu.
Der notwendige Umfang der Bauten für die Vorratshaltung wird nicht allein von der Betriebsgröße, sondern auch vom Grad der Intensität und der Marktverbundenheit der Betriebe bestimmt.
Die in den untersuchten Betrieben vorhandenen Bauten für die Vorratshaltung, die größtenteils aus der zweiten Hälfte des vorigen Jahrhunderts stammen, können wegen der veränderten Verhältnisse nicht immer Anhaltspunkte für die künftige Bauplanung geben, vielmehr vermag hier in den meisten Fällen nur aus der deduktiven Betrachtung die richtige Schlußfolgerung für die Zukunft gezogen zu werden.

1. Bergeräume für Heu und Stroh

a) Allgemeines

Die Scheunen und Bergeräume für Streustroh und Rauhfutter sind in den untersuchten Betrieben zum größten Teil in einer Zeit errichtet worden, als der Mähdrusch noch nicht verbreitet war und der Erntedrusch noch nicht die Bedeutung hatte, die ihm heute und voraussichtlich in der Zukunft zukommt. Die Scheunen mußten somit im Sommer die Garben aufnehmen, die dann im Winter gedroschen wurden. Die Hof- und Feldscheunen sind also aus den gebräuchlichen Arbeitsverfahren zu erklären. Sie verlieren indessen gegenwärtig und künftig an Bedeutung, weil sich aus arbeitswirtschaftlichen Gründen Mähdrusch und Erntedrusch (besonders in der Form des Häckseldrusches) immer mehr durchsetzen. Das wirkt sich auch auf Größe und Art der Bergeräume aus.
Diese Problematik erforderte, die Scheunen gemeinsam mit den Bergeräumen zu betrachten, die sich unmittelbar bei den Ställen befanden. Die Größe dieser Räume wurde durch eigene Messungen ermittelt. Interessant war dabei die Feststellung, daß die Betriebe, deren Bergeraum- und Scheunenraumvolumen durch verstärkte Viehhaltung, Kriegseinwirkung oder Unwetterschäden erheblich vermindert war, dieses als Nachteil empfanden und eine Ergänzung des notwendigen Bergeraumvolumens anstrebten. Die Nachteile zeigten sich vor allem darin, daß

die Strohtransporte bei Scheunen- oder Bergeraummangel einen zu hohen Arbeitsaufwand erforderten. Die Bergeräume sind somit notwendige Betriebsmittel, um den Arbeitsaufwand der Strohtransporte zu senken.

b) Induktive Betrachtung

Nicht alle Betriebe ließen sich bei der Untersuchung der vorhandenen Bergeräume und Scheunen gleichmäßig auswerten, weil die Betriebe entweder offenbaren Mangel an diesen Räumen hatten oder weil die Situation in den Betrieben die Auswertung sonst nicht gestattete.

Für 38 Betriebe, die 22200 ha bewirtschafteten, ergaben sich 1146000 m³ Bergeraum. Im Mittel konnten somit je 100 ha LN 5160 m³ Bergeraum festgestellt werden. Das bedeutet jedoch nicht, daß dieses Bergeraumvolumen in allen Betriebsgrößen gleichmäßig vorhanden war. Wie Abb. 16 vielmehr erkennen läßt, nimmt die relative Größe der Bergeräume (m³/100 ha LN) mit zunehmender Betriebsgröße verhältnismäßig stetig ab. Das bestätigt auch der eine Betrieb, der mehr als 1000 ha LN bewirtschaftet, sich aber aus mehreren kleinen Betrieben

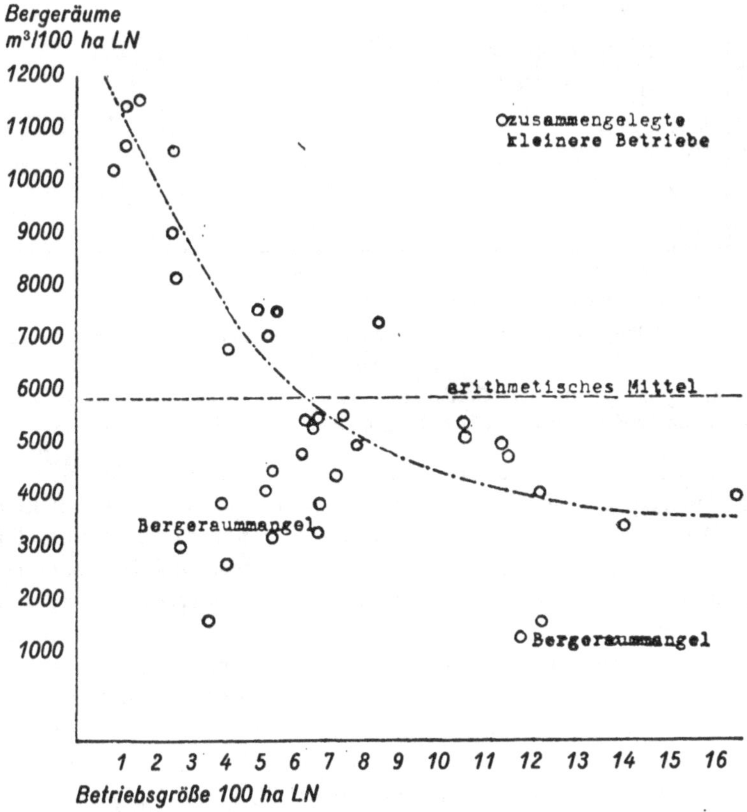

Abb. 16. Beziehungen zwischen der Betriebsgröße (ha LN) und der relativen Größe der Bergeräume (m³/100ha LN,

zusammensetzt und dessen relative Bergeraumgröße in der Größenordnung der Betriebe von etwa 100 ha LN liegt.

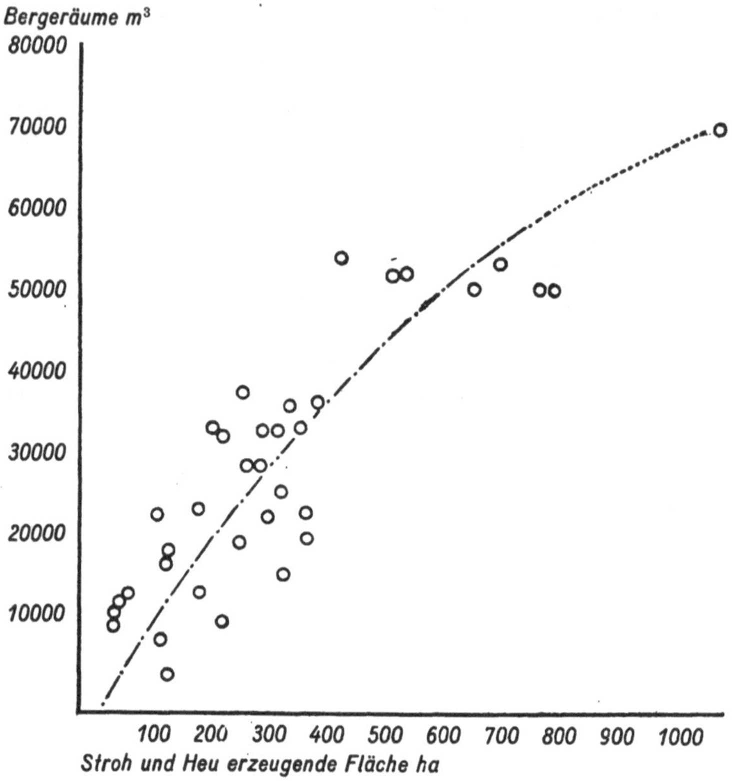

Im Mittel waren je Hektar Stroh und Heu erzeugende Fläche 100m³ Bergeräume vorhanden: (s°/₀ = 40)

Abb. 17. Beziehungen zwischen der Größe der Fläche, die zur Heu- und Stroherzeugung dient (Getreidebau, Feldfutterbau, Wiesen) und der Größe der Bergeräume

Abb. 17 verdeutlicht die Beziehungen zwischen der Größe der Fläche, die zur Stroh- und Heuerzeugung dient, und der Größe der Bergeräume. Es ist klar zu erkennen, daß die Größe der Bergeräume mit zunehmender Größe der Stroh und Heu erzeugenden Flächen fast linear zunimmt. Als Stroh und Heu erzeugende Flächen wurden die Getreideanbauflächen, die Wiesenflächen und die dem Feldfutterbau dienenden Flächen gewertet. Dabei besteht zwar eine gewisse Ungenauigkeit, weil einesteils auch vom Hülsenfruchtbau Stroh gewonnen wird, das in den Bergeräumen gelagert werden muß; andererseits aber wird nicht von der gesamten Fläche des Feldfutterbaues Heu gewonnen, so daß sich diese Ungenauigkeit wieder etwas ausgleicht. Eine exakte Betrachtung ist hierbei ohnehin nicht möglich, weil sich nie genau abgrenzen läßt, welcher Anteil der Grünfutterernte zur Heugewinnung dient. Das Gebäudevolumen ist stets eine starre Größe, während die Ernteerträge an Heu und Stroh von Jahr zu Jahr gewissen Schwankungen unterliegen. Immerhin führte diese Betrachtung zu der Erkenntnis, daß in den untersuchten 38 Betrieben für 12700 ha Getreide-, Feldfutter- sowie Wiesenfläche insgesamt 1146000 m³ Berge- und Scheunenraum vorhanden waren. Das bedeutet also, daß im Mittel für jeden Hektar, der zur Heu- und Stroherzeugung herangezogen wurde, etwa 90 m³ Bergeraum zur Verfügung standen. Von den 12700 ha Halmfruchtfläche waren 8580 ha = 67,5% Getreideanbaufläche, der Rest Futterfläche.

Die Bergeräume sollen indessen nicht allein die Erntevorräte aufnehmen, vielmehr dienen sie damit zugleich der Futter- und Streustrohbevorratung für das Nutzvieh. Es lag deswegen nahe, zu untersuchen, welche Beziehungen zwischen der Zahl der Rauhfutter verzehrenden Großvieheinheiten (RGV), also Rinder, Schafe und Pferde ohne Schweine, und der Größe der Bergeräume bestehen. Dabei wurden die Pferde im Gegensatz zu der von BLOHM (7) mitgeteilten Gepflogenheit nicht mit der Hälfte, sondern voll bewertet, weil der Bergeraumbedarf für Pferde nicht geringer als für Rinder ist (siehe Tabelle 4, Seite 63). Abb. 18 zeigt wiederum klar, daß das Bergeraumvolumen mit zunehmender Zahl

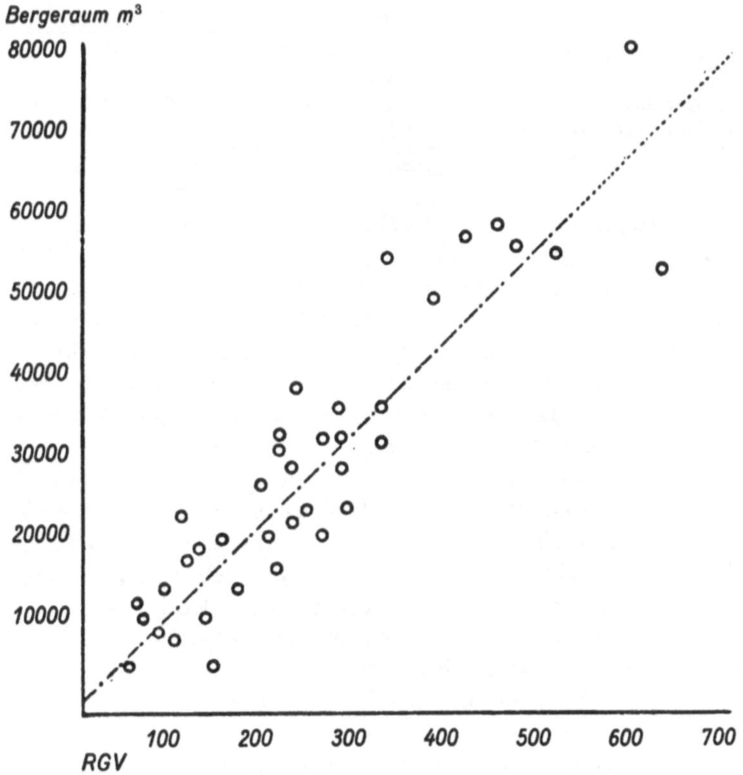

Im Mittel waren 120 m³ Bergeraum je RGV vorhanden

Abb. 18. Beziehungen zwischen der Anzahl der Rauhfutter verzehrenden Großvieheinheiten (RGV = Pferd, Rind, Schaf) und der Größe der Bergeräume

der Rauhfutter verzehrenden Großvieheinheiten proportional zunimmt. In den in diesem Zusammenhang untersuchten Betrieben waren für 9200 RGV insgesamt 1103000 m^3 Berge- und Scheunenraum vorhanden. Das bedeutet also, daß je RGV im Mittel 120 m^3 Scheunen- und Bergeraum zur Verfügung standen. Wenn auch noch die Schweine in diese Rechnung mit einbezogen werden, dann sind es im Mittel immer noch 67 m^3/GV, weil in 38 Betrieben für 17000 GV insgesamt 1146000 m^3 Berge- und Scheunenraum vorhanden waren.
Somit hat die Praxis im großen Durchschnitt genügend Bergeraum, um die Heu- und Strohvorräte für ihr Nutzvieh aufnehmen zu können; dies wird auch stets erstrebt, wie die Untersuchung erwies. Einschränkend ist jedoch festzustellen, daß der große arbeitswirtschaftliche Vorteil, der sich aus reichlichem Bergeraumvolumen ergibt, von der Praxis nicht genutzt werden konnte, teilte sich doch das genannte Bergeraumvolumen in den untersuchten Betrieben folgendermaßen auf:

an Rindviehställen . . .	17,0%		50,3%	(s% = 44,8)
an Schweineställen . . .	2,3%		7,3%	(s% = 198,9)
an Schafställen	9,6%		28,9%	(s% = 91,8)
an Pferdeställen	4,4%		13,5%	(s% = 87,1)
an Ställen insgesamt . .	33,3%	(s% = 34,2)	100,0%	×
in Hofscheunen	40,9%		61,5%	(s% = 45,3)
in Feldscheunen	25,8%		38,5%	(s% = 76,1)
in Scheunen insgesamt .	66,7%	(s% = 16,6)	100,0%	×
alle Bergeräume	100,0%		×	×

Die Übersicht zeigt, daß sich nur ein Drittel des gesamten Bergeraumvolumens an den Ställen befand, während der Rest in Scheunen lag. Die Streuung ist dabei nicht besonders groß. Feldscheunen waren in 80% aller untersuchten Betriebe vorhanden. Ihr Fassungsvermögen beträgt 77% jenes der an den Ställen gelegenen Bergeräume. Das größte Bergeraumvolumen wiesen die Hofscheunen auf, sie waren in allen untersuchten Betrieben anzutreffen.
Von dem an den Ställen liegenden Bergeraumvolumen grenzt die Hälfte an Rindviehställe. Der sich dafür ergebende Wert ist auch relativ sehr konstant, wie der niedrige Variationskoeffizient erkennen läßt. Mehr als ein Viertel grenzt an Schafställe, während die Schweineställe nur einen sehr niedrigen Anteil haben. Der Anteil des Bergeraumvolumens an den Pferdeställen ist zwar etwas größer als der an den Schweineställen, aber dennoch relativ gering.
Die Bergeräume wurden den Ställen nach der Maßgabe des Bedarfes zugeordnet. Die Rauhfutter verzehrenden Tiere erhielten dabei den Vorrang. Die Rindviehhaltung war in allen untersuchten Betrieben vertreten, sie nahm zudem den größten Teil des gesamten Viehbesatzes oder zum mindesten der Rauhfutter verzehrenden Tiere ein. Darum ist hier auch der höchste Anteil an Bergeräumen festzustellen. Den nächstgrößten Anteil hat die Schafhaltung; sie war nicht in allen untersuchten Betrieben vertreten, was auch aus dem wesentlich höheren Varia-

tionskoeffizienten ersichtlich ist. Insgesamt gesehen erreichte sie nicht das Ausmaß der Rindviehhaltung. Der geringe Anteil des Bergeraumvolumens an den Pferdeställen erklärt sich weniger aus einem geringeren Bedarf der Pferde als vielmehr aus der besonders in kleineren Betrieben bisweilen anzutreffenden Gepflogenheit, über den Pferdeställen nicht einen Bergeraum, sondern einen Schüttboden vorzusehen. Nur 3 von 13 untersuchten Betrieben, die weniger als 450 ha LN bewirtschafteten, hatten über den Pferdeställen Bergeräume. Bei den Schweineställen ist der Bergeraumbedarf an sich geringer, weil nur Streustroh, aber kein Rauhfutter gelagert zu werden braucht. Zum anderen hatte die Schweinehaltung in den Großbetrieben zu der Zeit, als die meisten Betriebe entstanden, nicht die hohe Bedeutung, die ihr gegenwärtig zukommt. So ist es zu verstehen, daß nur 17 von 40 untersuchten Betrieben (= 42,5%) Bergeräume an Schweineställen aufwiesen. So erklärt sich auch der sehr große Variationskoeffizient.
In den Betrieben mit Bergeräumen an den Ställen ergaben sich je Tierplatz im Stall folgende Mittelwerte:

je Kuh	35 m³	(s% = 46,5)
je Schwein	6 m³	(s% = 63,9)
je Schaf	5 m³	(s% = 41,7)
je Pferd	43 m³	(s% = 52,3).

Der relativ große Bergeraum für Pferde fällt auf. Verhältnismäßig gleichmäßig und auch recht reichlich sind die Schafställe mit Bergeraum versehen. Das Schaf muß trockenes Futter haben; auch ist Rauhfutter der Einstreu im Schafstall etwa gleichzusetzen, weil im allgemeinen die gesamte Einstreu erst durch die Raufen wandert. Der relativ stärksten Streuung unterliegt die Größe der vorhandenen Bergeräume an den Schweineställen, was sicherlich, außer den bereits genannten Gründen, mit auf die Ansicht zurückzuführen ist, daß Schweine auch ohne Einstreu gehalten werden können, obgleich das nicht in allen Fällen zutrifft.

c) Deduktive Betrachtung

Die Frage nach dem notwendigen Bergeraumvolumen muß vor allem durch die arbeitswirtschaftliche Notwendigkeit und durch die betriebswirtschaftliche Berechtigung beantwortet werden. Dabei bestehen verständlicherweise von Betrieb zu Betrieb große Unterschiede, so daß grundsätzliche Überlegungen nur allgemeine Hinweise geben können.
Entsprechend dem heutigen und dem künftig zu erwartenden Stand der Landtechnik verlagert sich das Schwergewicht bei der Getreideernte immer mehr auf den Mäh- und Erntedrusch (Hockendrusch, Häckseldrusch). Es ist somit nur noch eine Frage der Zeit, bis alle Betriebe die für den Mäh- und Erntedrusch notwendige landtechnische Ausrüstung haben, um deren arbeitswirtschaftliche Vorteile voll ausnutzen zu können. Sowohl Feld- wie Hofscheunen verlieren dabei immer mehr an Bedeutung, weil Garben nicht mehr eingelagert werden. Überdies vermindert sich der Bergeraumbedarf, weil an Stelle der Getreidegarben nur

noch das benötigte Stroh eingelagert wird. Dafür ist aber der Bedarf an Speicherraum größer. Andererseits besteht die Möglichkeit, durch das Häckseln des Strohes den Bergeraum besser auszunutzen, als dies bei losem Langstroh geschieht, und zumindest die Lagerdichte zu erreichen wie bei bindfadengepreßtem Stroh.

Es ist somit richtig, bei der Planung von Neubauten davon auszugehen, daß nur noch Rauhfutter und Streustroh einzulagern sind. Entsprechend dem Grundsatz der Bauplanung, den Arbeitsaufwand in der Innenwirtschaft durch Verminderung der Transporte zu senken, gehören Bergeräume, die nach Wegfall der Scheunen noch gebaut werden, direkt an die Ställe. HALPAAP (24) sagt in diesem Zusammenhang: „. . . man im modernen Betrieb vom Bodenraum des Stallneubaues fordern muß, daß er möglichst den gesamten Jahresbedarf an Rauhfutter und Streustroh aufnimmt." Ob die Bergeräume dabei decken- oder erdlastig oder in beiden Formen gebaut werden, hängt in erster Linie von den bauwirtschaftlichen Möglichkeiten ab. KULKE (47) berichtet, daß die Baukosten in Schweden durch die erdlastige Anordnung der Bergeräume im Vergleich zur deckenlastigen um 20% gesenkt werden konnten, während das im Gebiet Hannover nicht festzustellen war. Eine eindeutige Klarstellung der Vor- und Nachteile dieser oder jener Form des Bergeraumes konnte bisher weder durch die Bautechnik noch durch die Landarbeitsforschung herbeigeführt werden.

Wenn nicht mehr Garben, sondern nur noch Rauhfutter und Streustroh einzulagern sind, so bedeutet dies für die Bauplanung, daß sie nicht mehr von dem Raumbedarf der einzulagernden Feldfrüchte, sondern von dem Rauhfutter- und Streustrohbedarf der aufgestallten Tiere ausgehen muß.

So soll Bergeraum für den gesamten Rauhfutterbedarf an den Ställen für Rauhfutter verzehrende Tiere (Rindvieh, Schafe, Pferde) vorgesehen werden, weil Rauhfutter bei Lagerung im Freien wesentlich größere Verluste erleidet als Streustroh. Zu überprüfen bleibt dabei lediglich, in welchem Umfang Heu durch Gärfutter ersetzt werden kann. Wie WANDER (93) feststellt, ist der Futterwert von 1 m^3 Silage etwa dreimal so hoch wie der von 1 m^3 Heu, wobei Unterschiede im Nährstoffverhältnis der verschiedenen Fruchtarten zu berücksichtigen sind. Unter unseren gegenwärtigen Preisverhältnissen (107) kostet 1 m^3 Heubergeraum etwa 25 DM, 1 m^3 Hochsiloraum aber fast 200 DM, so daß sich bei einem Kostenverhältnis von etwa 1:8 die Heueinlagerung betriebswirtschaftlich günstiger gestaltet. Kosteneinsparungen dürften erst dann zu erzielen sein, wenn das Gärfutter ohne wesentliche Qualitätseinbuße und ohne zu große Nährstoffverluste in billigen Fahrmieten oder Strohsilos gewonnen werden kann. 1 m^3 Fahrsilo kostet etwa 20 bis 30 DM, so daß sich bei einem Kostenverhältnis von etwa 1:1 die Silagebereitung günstig gestaltet, zumal dabei entsprechende arbeitswirtschaftliche Vorteile gegeben sind.

Sowenig Zweifel darüber bestehen, daß für den gesamten Rauhfutterbedarf Bergeraum an den Ställen vorzusehen ist, so umstritten bleibt diese Frage noch beim Streustroh, weil es eine Lagerung im Freien (Diemen) besser verträgt als das Rauhfutter. Dieses Problem kann nur durch eine vergleichende Kalkulation der

Kosten für den Transport des Strohes und der Gebäudekosten geklärt werden. Kostenrechnungen sind in der Landwirtschaft immer sehr problematisch, weil es noch schwieriger als in der Industrie ist, die Gemeinkosten und bei der Koppelproduktion die Kosten auf die Teilprodukte richtig zu verteilen, worauf auch HOFFMANN (32) hingewiesen hat. Selbst unter Berücksichtigung dieser Einschränkung kann eine vergleichende Kostenrechnung einige Aufschlüsse geben.

In einer früher durchgeführten Untersuchung (55) war in landwirtschaftlichen Großbetrieben ermittelt worden, welcher Arbeitsaufwand sich für das Heranfahren des Strohes zu den Ställen ergibt. In den damals untersuchten Betrieben fehlten die Strohbergeräume entweder gänzlich oder sie waren nicht groß genug, so daß sie nachgefüllt werden mußten. Die Untersuchungen erbrachten, daß für Strohfuhren bei insgesamt 2380 ha Getreidebau 55000 Personenarbeitsstunden und 47200 Zugkraftstunden (Pferdestunden oder das Äquivalent an Schlepperstunden) erforderlich waren. (Diese Werte stellen die Summe von 6 Betrieben und 3 Jahren dar.) Das sind also im Mittel 23 Personenarbeitsstunden und 20 Zugkraftstunden je Hektar Getreidebau. Hierzu kommt noch der Arbeitsaufwand, der notwendig ist, um das Stroh nach dem Mähdrusch oder dem Erntedrusch wegzuräumen. Das ist deswegen berechtigt, weil dieser Arbeitsaufwand beim Häckseldrusch, bei dem jedoch ein entsprechend großer Bergeraum unerläßlich ist, entfällt. Andererseits müssen dabei die Garben zum Wirtschaftshof gefahren werden, doch wird hierbei die getrennte Abfuhr von Körnern und Spreu wie beim Mähdrusch erspart. Nach eigenen Untersuchungen sind sowohl hinter der Dreschmaschine als auch nach dem Mähdrusch 15 Personenarbeitsstunden je Hektar für die Strohbergung erforderlich. Nach dem Mähdrusch sind außerdem noch 12 Zugkraftstunden notwendig. STOPPORKA (86) stellte sogar 22 bis 35 Personenarbeitsstunden je Hektar für die Strohbergung hinter dem Mähdrescher fest.

Nach Angaben der Abteilung Landarbeitslehre der Humboldt-Universität zu Berlin (Leiter: Dozent Dr. KRÜGER) kann die Personenarbeitsstunde einschließlich aller Nebenkosten gegenwärtig mit 1,40 DM, die Zugkraftstunde mit 1,00 DM bewertet werden.

Je Hektar Getreidebau entsteht somit für Strohtransporte folgender Arbeitsaufwand, der im wesentlichen auch den Arbeitsnormen entspricht, die unter Anleitung von ROSENKRANZ für die volkseigenen Güter der DDR erarbeitet wurden, woraus sich folgende Kosten ableiten:

Arbeitsvorgang	Personenarbeit		Zugarbeit	
	Stunden	Kosten DM	Stunden	Kosten DM
Strohbergung	20	28,00	12	12,00
Strohtransporte	23	32,20	20	20,00
Insgesamt	43	60,20	32	32,00

Kosten je Hektar . . . . 92,20 DM

Hierbei wird mit einem guten Strohertrag von 50 dz/ha gerechnet; er ist im mitteldeutschen Trockengebiet, wo die arbeitswirtschaftlichen Untersuchungen durchgeführt wurden, üblich. Somit wird der Doppelzentner Stroh mit 1,85 DM belastet. An sich müßten hierzu noch die Kosten gerechnet werden, die durch einen kleinen Bergeraum am Stall entstehen.

Den Arbeitskosten für den Transport des Strohes werden die Kosten des Bergeraumes gegenübergestellt. Nach den Kalkulationen des Institutes für Typung des Ministeriums für Aufbau (107) kostet der Kubikmeter umbauter Raum einer massiven Scheune nach den heute gültigen Festpreisen etwa 25 DM. Jährlich ist mit folgenden Gebäudekosten zu rechnen:

Abschreibung	2,0%	
Gebäudeunterhaltung	1,5%	
Verzinsung des Gebäudekapitals	2,0%	
Insgesamt	5,5%	des Neubauwertes

Bei 25 DM/m³ Baukosten entstehen somit jährlich 1,38 DM/m³ Unkosten. In einem Kubikmeter lagern etwa 60 kg Stroh, es ergeben sich also je Doppelzentner gelagertes Stroh 2,29 DM jährlich Gebäudekosten.

Diese Gegenüberstellung zeigt, daß die Gebäudekosten je Doppelzentner Stroh (2,29 DM) um 24% höher liegen als die Transportkosten (1,85 DM/dz). Bei dem gegenwärtigen Verhältnis von landwirtschaftlichen Löhnen zu Baupreisen erscheint es daher nicht geraten, Bergeraum für den gesamten Streustrohbedarf vorzusehen. Die Kosten sind etwa gleich bei einem Preis von 20 DM/m³. Da dank fortschreitender Mechanisierung sowie Verbesserung der Arbeitsorganisation und Arbeitstechnik mit einem weiteren Sinken der Arbeitskosten zu rechnen ist, bleibt die Senkung der Baukosten unter 10 DM/m³ erstrebenswert. Das ist zu erreichen, wenn nach dem Vorbild dänischer Betriebe die Bergeräume als Türme errichtet werden, die aus Derbstangen mit Maschendrahtbespannung bestehen. Versuche des Landmaschinen-Institutes der Humboldt-Universität zu Berlin haben ergeben, daß sich derartige Bergeräume bereits für 2 DM/m³ errichten lassen, wobei allerdings noch kein Dach angebracht war. KÖSTLIN (41) hält es unter den in der Bundesrepublik vorherrschenden bäuerlichen Verhältnissen nicht für zweckmäßig, Bergeraum für den gesamten Jahresbedarf vorzusehen. Stets entscheidet die zur Verfügung stehende Investitionssumme darüber, in welchem Umfang Bergeraum zu errichten ist. Die Mindestgröße der Bergeräume wird dabei durch arbeitswirtschaftliche Gesichtspunkte festgelegt.

In der früher durchgeführten Untersuchung (55) sind die Zeiträume ermittelt worden, in denen vornehmlich Stroh gefahren wurde (Abb. 19). Danach erscheint es sinnvoll, den Bergeraum für den Bedarf von mindestens 3 bis 4 Monaten zu bemessen, damit die Zeit von der Getreideernte bis nach Abschluß der Hackfruchternte und die Zeit von der Frühjahrsbestellung bis zur Getreideernte gut überbrückt werden kann.

Andererseits bestimmt auch der Anteil an der gesamten Getreideernte, der nicht vom Mähdrescher geerntet wird, die Bergeraumgröße. In diesem Fall ist der

Häckseldrusch als arbeitssparendes Verfahren sofort beim Einfahren anzuwenden. Der Häckseldrusch hat jedoch nur dann Sinn, wenn das Stroh direkt in den am Stall gelegenen Bergeraum geblasen werden kann. Der Bergeraum darf dabei nicht zu klein bemessen werden, damit das Häckseldruschaggregat wenigstens 3 bis 4 Tage einen festen Standort behält, ohne umgesetzt zu werden. Bei der Bauplanung ist der Druschplatz an den Ställen mit seinen An- und Abfahrtwegen

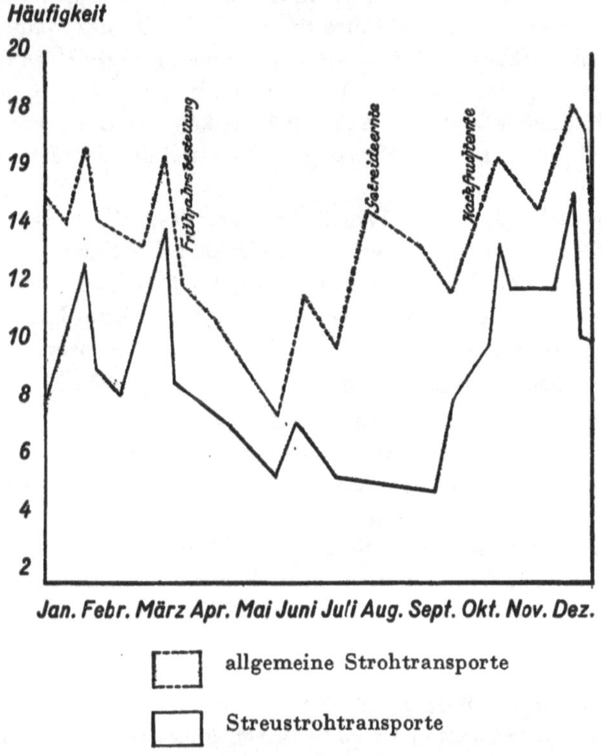

Abb. 19. Die zeitliche Verteilung der Strohfuhren im Jahresablauf nach arbeitswirtschaftlichen Untersuchungen 1949 bis 1951 auf den Versuchsgütern der Martin-Luther-Universität Halle-Wittenberg

entsprechend mit zu berücksichtigen. Das Mähdrescherstroh wird am zweckmäßigsten unmittelbar nach dem Mähdrusch auf den Schlägen zusammengefahren, in Diemen gesetzt und im Winter zum Nachfüllen der Bergeräume zu den Ställen gebracht. Dadurch ist zugleich eine gute Arbeitsverteilung zur Entlastung der Arbeitsspitze in den Sommermonaten gegeben.

Als letzte Möglichkeit bleibt noch, eine Strohmiete in der Nähe der Ställe zu setzen und das Stroh von Zeit zu Zeit in den Bergeraum zu blasen. Dieser Weg wird jedoch sehr ungünstig beurteilt, weil hierbei der Vorteil der Arbeitsverteilung (Einsparung der Strohtransporte im Sommer) ungenutzt bleibt und durch das Nachfüllen ein zusätzlicher Arbeitsaufwand entsteht. Außerdem ist dabei die „Verordnung zum Schutze der Ernte vom 29. Juni 1950" zu berücksichtigen; sie verlangt in § 8, daß Strohmieten mindestens 25 m von massiven Gebäuden mit Hartdach und Starkstromfreileitungen bzw. 60 m von öffentlichen Straßen und Wegen, von Gebäuden mit Weichdächern, Holzbauten und offenen Schuppen sowie Feldscheunen entfernt sein müssen.

Unter Beachtung all dieser Gesichtspunkte werden die in Tabelle 4 aufgeführten Bergeräume für notwendig befunden. Die Tabelle enthält den täglichen Bedarf der einzelnen Tiere, den Zeitraum des Bedarfes, das Raumgewicht und den gesamten Raumbedarf. Als maximaler Bergeraumbedarf gelten: Möglichkeit der Einlagerung des gesamten Rauhfutters und des gesamten Streustrohbedarfes; als minimaler sind anzusehen: Möglichkeit der Einlagerung des Rauhfutterbedarfes für die gesamte Fütterungsperiode und des Streustrohbedarfes für 4 Monate.

Unter Berücksichtigung der in Tabelle 4 mitgeteilten Werte ist bei 38 untersuchten Betrieben für den gegenwärtig vorhandenen Viehbesatz der erforderliche minimale und maximale Bergeraumbedarf errechnet worden. Die so ermittelten Volumina wurden auf den vorhandenen Bergeraum bezogen. Es zeigte sich, daß im Mittel aller in diesem Zusammenhang untersuchten Betriebe

der maximale Bergeraumbedarf . . . = 82%,
der minimale Bergeraumbedarf . . . = 45%

des vorhandenen Bergeraumvolumens ausmacht. Auch wenn einschränkend festgestellt werden muß, daß bei 12 von 38 Betrieben (= 32%) der errechnete maximale Bergeraumbedarf das vorhandene Bergeraumvolumen überschritt, so lassen sich doch bei Anwendung neuzeitlicher Arbeitsverfahren und unter Beachtung der in Tabelle 4 mitgeteilten Werte Einsparungen an Bergeraum gegenüber dem früheren Bedarf erzielen.

d) Schlußfolgerung

Die Untersuchungen der Bergeräume führten zu folgenden Ergebnissen:

1. Im Mittel der untersuchten Betriebe waren über 5000 m^3/100 ha LN Bergeraum vorhanden. Die relative Größe der Bergeräume (m^3/100 ha LN) nahm mit zunehmender Betriebsgröße verhältnismäßig stetig ab.
2. Der Umfang des vorhandenen Bergeraumvolumens hing sowohl von der Größe der Flächen, die zur Heu- und Strohgewinnung dienten, als auch vom Umfang des Viehbesatzes ab, wobei vor allem der Einfluß der Rauhfutter verzehrenden Tiere auffiel. Je Hektar Heu und Stroh erzeugende Fläche waren im Mittel 90 m^3, je RGV im Mittel 120 und je GV insgesamt 67 m^3 Bergeraum vorhanden.
3. Ein Drittel des gesamten Bergeraumvolumens befand sich an den Ställen, zwei Drittel in Hof- und Feldscheunen. Das Scheunenraumvolumen verteilte sich zu zwei Dritteln auf die Hofscheunen und zu einem Drittel auf die Feldscheunen. Den Ställen waren die Bergeräume in folgender Rangfolge zu geordnet: Rindvieh-, Schaf-, Pferde- und Schweineställe. Die Schweineställe hatten nur in wenigen Fällen Bergeräume.

TABELLE 4:

Bergeraumbedarf je Tierplatz im Stall

Tierart	Heu und Futterstroh (70 kg/m³)				Spreu (45 kg/m³)			Streustroh (60 kg/m³)				Raumbedarf insgesamt m³/Tierplatz	
	kg/Tag	Fütterungszeitraum Tage	dz/Fütterungszeitraum	Raumbedarf in m³	kg/Tag	dz/Fütterungszeitraum	Raumbedarf in m³	kg/Tag	dz/Jahr	Raumbedarf/Jahr in m³	Raumbedarf für 4 Monate	maximal	minimal
Spalte	1	2	3	4	5	6	7	8	9	10	11	4 + 7 + 10	4 + 7 + 11
Jungpferde im Laufstall	5	200	10	14	—	—	—	4	15	25	8	39	22
Pferde im Anbindestall	8	365	29	41	0,350	1,28	3	3	11	18	6	62	50
Kälber in Boxen	2	365	7	10	—	—	—	1	4	7	2	17	12
Jungvieh bis 1 Jahr, Laufstall	4	200	8	11	—	—	—	4	15	25	8	36	19
Jungvieh über 1 Jahr, Laufstall	6	200	12	17	0,200	0,40	1	7	25	42	14	60	32
Tragende Färsen, Kühe und sonstige Rinder: Kurzstand	8	200	16	23	0,350	0,70	1,5	3	6	10	3	4,5	27,5
Tragende Färsen, Kühe und sonstige Rinder: Mittellangstand	8	200	16	23	0,350	0,70	1,5	5	18	30	10	54,5	34,5
Tragende Färsen, Kühe und sonstige Rinder: Langstand	8	200	16	23	0,350	0,70	1,5	10	36	60	20	84,5	44,5
Mutterschafe mit Nachzucht	1,75 1,00	200 160	5	7[1]	siehe Heu und Futterstroh							7	5[1]
Zuchtsauen einschl. Ferkel	—	200	—	—	0,150	0,30	0,7	3,0	11,0	18,0	6,0	18,7	6,7
Mastschweine und Läufer	—	—	—	—	—	—	—	1,5	5,0	8,0	2,4	8,0	2,4

[1]) Bei anderen Fütterungsverhältnissen für Schafe reichen auch 5 m³ Bergeraum je Mutterschaf mit Nachzucht aus.

4. Bei Neuplanungen ist davon auszugehen, daß in Zukunft alles Getreide im Sommer ausgedroschen wird. Infolgedessen ist Scheunenraum höchstens noch für Sonderkulturen erforderlich. Um die Transporte in der Innenwirtschaft zu vermindern, sind die Bergeräume den Ställen direkt zuzuordnen. Die Bergeräume müssen den gesamten Rauhfutter- und Streustrohbedarf aufnehmen können. Soll an Bergeraum für Streustroh gespart werden, so muß er einen Vorrat für 3 bis 4 Monate mindestens aufnehmen können, um damit die Zeit von der Getreideernte bis zum Abschluß der Hackfruchternte und von der Frühjahrsbestellung bis zur Getreideernte gut zu überbrücken. Tabelle 4 (Seite 63) gibt Aufschluß über den Bergeraumbedarf der einzelnen Tiere. Der danach für den Viehbesatz aller untersuchten Betriebe errechnete Bergeraumbedarf liegt unter dem vorhandenen Bergeraumvolumen.
5. Eine Berechnung, der die heute gültigen Baupreise und Arbeitslöhne zugrunde gelegt wurden, ergab, daß die Gebäudekosten bei massiven Bergeräumen teurer, bei leicht gebauten billiger sind als die Transportkosten des Strohes. Wo das Anlagekapital für den Bau von Bergeräumen zur Verfügung steht, kann durch leicht gebaute Bergeräume der Arbeitsaufwand in der Innenwirtschaft betriebswirtschaftlich sinnvoll gesenkt werden. Eine bessere Raumausnutzung durch Verwendung von Häckselstroh an Stelle von losem Langstroh ist notwendig, ganz abgesehen davon, daß Häckselstroh auch sonst noch arbeitswirtschaftliche Vorteile bietet.

2. Gärfutterbehälter

a) Allgemeines

Von allen Grünfutterkonservierungsmethoden kommt der Gärfutterbereitung deswegen so große Bedeutung zu, weil dabei — vor allem verglichen mit der Heuwerbung — die relativ geringsten Nährstoffverluste entstehen und sich somit eine wesentlich höhere Nährstoffausbeute je Flächeneinheit erzielen läßt. Darüber hinaus hat die Gärfutterbereitung noch den arbeitswirtschaftlichen Vorteil, daß sie witterungsunabhängig und leicht zu mechanisieren ist. KAHSNITZ (33) weist überdies nach, daß die hinsichtlich der Futterfläche leistungsstarken Betriebe fast ausnahmslos außer Saftfutter in Form von Rüben immer eiweißreiches Gärfutter (wenigstens 15, meistens 20 kg/GV/Tag) zur Verfügung hatten. Die Futterflächenproduktionsleistung lief stets parallel mit der Gesamtleistung des Betriebes.
Es liegen auch schon Bestrebungen vor, den arbeitsaufwendigen Futterrübenbau zugunsten der Gärfutterbereitung einzuschränken. Auf jeden Fall steht zu erwarten, daß der Gärfutterbereitung künftig große Bedeutung zukommt. Daher lag es nahe, in den untersuchten Betrieben festzustellen, in welchem Ausmaß Gärfutterbehälter vorhanden waren. Über die Verbreitung der Gärfutterbehälter in Dänemark, Holland, Österreich, Westdeutschland und Schweden wurde bereits an anderer Stelle (59) berichtet, wobei auch Angaben von HECKL (27) als Unterlage dienten. Danach haben in Westdeutschland nur 20%, in Österreich

50% und in Schweden 60% aller Betriebe über 100 ha LN feste Gärfutterbehälter.

b) Induktive Betrachtung

Von 40 untersuchten Betrieben besaßen nur 24 (= 60%) feste Gärfutterbehälter. Davon verfügten zwei Betriebe aber über so wenig Gärfutterbehältervolumen, daß nur 22 (= 55%) für die Auswertung geeignet waren. Die untersuchten Betriebe hatten vor allem Hochbehälter und niedere Standbehälter. Tiefsilos oder Grabensilos (Durchfahrtsilos) waren nur in sehr geringem Umfang vertreten. Zwei Betriebe hatten die Kapazität ihrer festen Gärfutterbehälter noch durch Erdsilos erweitert.

Als Bezugseinheit wurde der Rindviehbesatz gewählt, weil das Gärfutter in erster Linie für das Rindvieh bestimmt ist, obgleich auch die Schafe in einigen Fällen Gärfutter erhielten. Die 22 Betriebe mit festen Gärfutterbehältern hielten 4100 GV Rind. Insgesamt wurden 10750 m^3 Behälterraum gemessen, so daß also im Mittel 2,6 m^3 Siloraum je GV Rind vorhanden waren. Dieser Wert ist einer sehr großen Streuung unterworfen. Der Variationskoeffizient betrug 70% des Mittelwertes. Daher wurde in den untersuchten Betrieben noch die Häufigkeit des relativen Gärfutterbehälterraumes festgestellt:

unter 1 m^3/GV-Rind	=	3 Betriebe	=	13,5%
1 bis „ 2 m^3/GV-Rind	=	7 „	=	32,0%
2 „ „ 3 m^3/GV-Rind	=	3 „	=	13,5%
3 „ „ 4 m^3/GV-Rind	=	4 „	=	18,5%
4 „ „ 5 m^3/GV-Rind	=	1 Betrieb	=	4,5%
5 „ „ 6 m^3/GV-Rind	=	3 Betriebe	=	13,5%
über 6 m^3/GV-Rind	=	1 Betrieb	=	4,5%
insgesamt	=	22 Betriebe	=	100,0%

Nur zwei Betriebe besaßen feste Gärkartoffelbehälter für die Schweinemast. Die übrigen fütterten ihre Mastschweine vornehmlich mit Kraftfutter oder dämpften die Kartoffeln täglich frisch.

c) Deduktive Betrachtung

Für die Bemessung des notwendigen Gärfutterbehälterraumes sind in erster Linie betriebswirtschaftliche, andererseits aber auch arbeitswirtschaftliche Gesichtspunkte maßgebend. Betriebswirtschaftliche Überlegungen bestimmen nicht allein den notwendigen Viehbesatz, sondern auch in welchem Umfang Rauhfutter oder Gärfutter verabreicht wird. Ist diese Frage geklärt, setzen die Überlegungen ein, wie das Gärfutter am zweckmäßigsten zu gewinnen ist und welche Behälterform sich dafür am besten eignet. Gebräuchlich sind gegenwärtig vor allem die Standsilos und die Graben- oder Durchfahrtsilos, während die Grubensilos nur noch wenig verwendet werden; auch sind sie für Neuanlagen kaum zu empfehlen, da sich die Arbeit an ihnen schlecht mechanisieren läßt. Bei den Standsilos haben vor allem die Hochsilos mit mehr als 8 m Höhe große Bedeutung; in ihnen kann das Gärfutter mit geringsten Verlusten gewonnen werden. Das Befüllen bereitet mit Gebläsehäckslern oder Rechenförderern keinerlei Schwierigkeiten. In neuerer Zeit sind auch Möglichkeiten bekannt geworden, die Entnahme zu mechanisieren. Der Nachteil der Hochsilos ist ihr relativ hoher Preis, der gegenwärtig fast 200 DM/m³ beträgt.

Größere Bedeutung kommt daher vor allem in landwirtschaftlichen Großbetrieben den Graben- oder Durchfahrtsilos zu, in denen bei richtiger Nutzung keine größeren Verluste als in Hochsilos entstehen brauchen. Ihr besonderer Vorteil liegt nicht allein in den geringeren Baukosten, die sich vor allem durch Selbsthilfemaßnahmen des Landwirts senken lassen (ein Hochsilo muß stets von einer Spezialfirma gebaut werden), sondern vor allem auf arbeitswirtschaftlichem Gebiet. Das geht sehr gut aus Untersuchungen von SCHULZE–LAMMERS hervor, die hier nach KÜPPER (48) zitiert werden:

Behälterart	gefüllt	entleert	Personen-Minuten je dz
Grubensilo	Hand	Hand	10,2
Durchfahrtsilo	Hand	Hand	4,4
Durchfahrtsilo	Hand	Frontlader	2,8
Durchfahrtsilo	Ladegerät	Frontlader	1,3
Hochsilo	Häcksler	Hand	7,0
Hochsilo	Häcksler	Greifer	4,1
Hochsilo	Greifer	Greifer	4,3

In der amerikanischen und englischen Landwirtschaft haben die Durchfahrtmieten bereits große Bedeutung erlangt. ESMAY und BROOKER (22) teilen mit, daß 1952 im Missourigebiet 12800 Silos gebaut wurden. Von diesen waren 5% massive Standsilos, 2% beständige Grabensilos und 93% provisorische horizontale Grabensilos.

Die verschiedenen Möglichkeiten, die sich bei unterschiedlichen betriebswirtschaftlichen Verhältnissen und bei verschiedenen Behälterformen ergeben, sind in der Tabelle 5 zusammengestellt.

Den Betrachtungen wurden die im Handbuch des Genossenschaftsbauern, Band III (90) abgedruckten Futterrationen zugrunde gelegt. Für das Raumgewicht bei den verschiedenen Füllhöhen sind die Werte berücksichtigt, die HECKL (27) auf Grund schwedischer und amerikanischer Versuche mit Klee-Gras-Silage zusammengestellt hat.

Das in den untersuchten Betrieben festgestellte Gärfutterbehältervolumen reicht also bei weitem nicht aus, um den Bedarf an Gärfutter zu befriedigen.

Schafe benötigen im Jahr 2,5 dz Gärfutter je Tier. Danach sind für 100 Schafe an Gärfutterbehälterraum notwendig:

Behälterform	Füllhöhe m	Durchschnittsgewicht kg/m³	Raumbedarf für 100 Schafe m³
Durchfahrtmieten	2	500	50
Mittlere Standsilos	5	670	37
Höhere Standsilos	8	740	34
Hochsilos	11	950	26

TABELLE 5:

Bedarf an Gärfutterbehälterraum in m³/GV-Rind (für Rindvieh über 1 Jahr) bei unterschiedlichen Behälterformen in verschiedenen Futterbaugebieten

Behälterform	Füllhöhe	Durchschnittsgewicht	Gesamter Jahresbedarf an Gärfutter je GV-Rind: 46 dz	40 dz	35 dz	30 dz
			Mitteldeutsches Trockengebiet	Gebiete mit mittleren Niederschlagshöhen	Gebiete mit leichten Böden und geringen Niederschlägen	Küsten- und Gebirgsweidegebiete (volle Sommerweide)
	m	kg/m³	m³/GV-Rind	m³/GV-Rind	m³/GV-Rind	m³/GV-Rind
Durchfahrtmieten	2	500	9,2	8,0	7,0	6,0
Mittlere Standsilos . . .	5	670	6,9	6,0	5,2	4,5
Höhere Standsilos . . .	8	740	6,2	5,4	4,7	4,1
Hochsilos	11	950	4,8	4,2	3,7	3,2

Der Bedarf an Gärkartoffelbehälterraum richtet sich nach der Form der Schweinemast. Bei Kartoffelfütterung empfiehlt es sich, auf jedes Schwein, das im Jahr den Stall verläßt, 0,66 bis 0,75 m³ Gärkartoffelbehälterraum (1 m³ = 10 dz Gärkartoffeln) zu rechnen. Weil ein Mastplatz im Stall (35 bis 40 cm Troglänge) im Jahr von mehr als einem, meistens von zwei Schweinen belegt wird, andererseits aber im Jahresablauf etwa 4 Monate lang (Zeit der Kartoffelernte und des Öffnens der Mieten sowie Zeitraum bis zum Abschluß des Gärprozesses) frischgedämpfte Kartoffeln verfüttert werden, ist es zweckmäßig, je Mastplatz im Stall etwa 1 m³ Gärkartoffelbehälterraum vorzusehen.

d) Schlußfolgerung

Die Untersuchungen der Gärfutterbehälter führten zu folgenden Ergebnissen:

1. In nur 55% aller untersuchten Betriebe war nennenswerter Gärfutterbehälterraum anzutreffen. Im Mittel waren 2,6 m³ je GV-Rind vorhanden. Für Schafe und Schweine konnte nur in einigen wenigen Ausnahmefällen und selbst dort noch in unzureichendem Ausmaß Gärfutterbehälterraum festgestellt werden.

2. Die durchfahrbaren Grabensilos haben für die Zukunft große Bedeutung, weil ihre Errichtung die relativ geringsten Kosten verursacht und bei ihnen wegen der guten Mechanisierungsmöglichkeit der geringste Arbeitsaufwand entsteht.
3. Der Bedarf an Gärfutterbehälterraum für Rindvieh über 1 Jahr in verschiedenen Futterbaugebieten und bei verschiedenen Behälterformen ist aus Tabelle 5 (Seite 67) zu ersehen.
4. Der Bedarf an Gärfutterbehälterraum für Schafe bei verschiedenen Behälterformen geht aus der Übersicht auf Seite 66 hervor.
5. Je Schweinemastplatz wird 1 m³ Gärkartoffelbehälterraum für zweckmäßig erachtet.

3. Speicher

a) Allgemeines

Durch die Verlagerung des Schwergewichtes der Getreideernte vom Winterdrusch zum Mäh- und Erntedrusch sowie durch die Steigerung der Getreideerträge und die Vergrößerung des Viehbestandes gewinnen die Speicher im landwirtschaftlichen Betrieb sehr an Bedeutung. Maximal muß ein Speicher die gesamte erdroschene Ernte, mindestens jedoch den Saatgutbedarf, den Futtermittelbedarf und den Bedarf der Belegschaft an Brot- und Futtergetreide sowie Hülsen- und Ölfrüchten für ein Jahr aufnehmen können. In keinem Betrieb wird allein das geerntete Getreide verfüttert, stets ist mit einem gewissen Futtermittelzukauf (z. B. Eiweißfutter) zu rechnen. Von den besonderen örtlichen Verhältnissen hängt es auch ab, ob die gesamte Erntemenge eingelagert werden muß oder ob die Möglichkeit besteht, einen Teil der Erntemenge sofort bei der Ernte mit Vorteil zu verkaufen. 1907 empfahl WAGNER (92): „Der Speicher soll mindestens die Hälfte, höchstens zwei Drittel des durchschnittlichen jährlichen Körnerertrages aufnehmen können." Neuere Untersuchungen, die Klarheit darüber schaffen, welcher Teil der Erntemenge bei ausschließlichem Mäh- und Erntedrusch im Betrieb zu lagern ist, liegen noch nicht vor. In jedem Falle muß auf dem Speicher genügend Fläche vorhanden sein, damit das Getreide und die anderen Druschfrüchte nicht nur gelagert, sondern auch als Saatgut oder Futtermittel aufbereitet werden können.

In den untersuchten Betrieben waren fast nur Schüttbodenspeicher anzutreffen. Oftmals wurden Getreide und Futtermittel in verschiedenen Gebäuden gelagert. In neuerer Zeit ist die Tendenz zu erkennen, vom Schüttbodenspeicher auf den Silospeicher überzugehen. Noch 1949 berichtet SCHLEWSKI (80): „Versuche, die Silolagerung von Getreide auch in der deutschen Landwirtschaft heimisch zu machen, sind bisher nicht von Erfolg begleitet gewesen. Baulich sind Silos bis zu einer ziemlich erheblichen Größe immer noch teurer als Bodenlagerräume, vor allem dann, wenn man die unter Umständen notwendige Umwälzvorrichtung mit in den Kostenvergleich einbezieht. Das ist aber nicht ihr einziger Nachteil. Handelt es sich in den typischen extensiven Getreidebaugebieten darum, trockenstes Getreide durch eine Regenzeit zu bringen, dann ist Silolagerung ganz anders am Platze als bei uns, wo es sich darum handeln muß, feucht geerntetes Getreide erst einmal lagerungsfähig zu machen und in eine trockenere und kühlere Zeit hinein zu retten." PREUSCHEN (70) dagegen hält 1948 die in der Landwirtschaft übliche Lagerung des Getreides auf dem Flachspeicher für „unverhältnismäßig teuer" und empfiehlt deswegen die Silolagerung. Auch DENCKER, HEIDT und WENNER (18) weisen 1954 darauf hin, daß der Neubau von Flachspeichern sehr teuer ist und empfehlen deswegen die Aufbewahrung des Getreides in Behältern (Silos), wobei die nötige Trocknung und Belüftung des Getreides durch Kraftlüftung erreicht wird.

WORTMANN (97) berichtet ebenfalls über die Vorzüge der Silolagerung gegenüber der Schüttbodenlagerung von Getreide, wodurch sich die Baukosten um 47% ermäßigen.

Von 40 untersuchten Betrieben konnten nur 38 ausgewertet werden. Dabei waren von 31 Betrieben (= 82%) nur die Größe der Speicher- und Schüttbodenflächen, bei 7 (= 18%) auch die Tragfähigkeit dieser Flächen zu ermitteln. Im Rahmen dieser Untersuchung werden die Getreidespeicher und die Futtermittelspeicher gemeinsam behandelt. Beide Flächen ergänzen sich, denn ein Teil der Ernte, der zuvor auf dem Getreidespeicher lagerte, wird später nach entsprechender Bearbeitung auf den Futtermittelspeicher gebracht.

b) Induktive Betrachtung

Die untersuchten 38 Betriebe hatten 57500 m² Speicherfläche. Bei einer Bewirtschaftung von 23250 ha LN sind also im Mittel 2,5 m²/ha LN Schüttbodenfläche vorhanden. Die relative Größe der Schüttbodenfläche ist aber in den untersuchten Betrieben keineswegs konstant, vielmehr ließ sich, wie aus Abb. 20 hervorgeht, mit zunehmender Betriebsgröße ein stetiges Abnehmen der relativen Speicherfläche feststellen. Besonders in den Betrieben mit mehr als 600 ha LN lag die relative Speicherfläche unter 3 m²/ha. Die relativ große Streuung der Werte für die Speicherflächen ist auch durch die unterschiedliche Tragfähigkeit der Schüttböden zu erklären. Abb. 21 zeigt, daß auch eine gewisse Beziehung zwischen der Größe der Anbaufläche von Druschfrüchten (Getreide, Hülsen- und Ölfrüchten) und der Größe der Speicherflächen besteht. Im Gegensatz hierzu war eine Relation zwischen der Höhe des Viehbesatzes und der Größe der Speicherfläche nicht zu erkennen.

Für die Bauplanung ist es wichtig, zu wissen, welche Mengen gelagert werden müssen. Deswegen galt es, einen Umrechnungsschlüssel von der Lagerfläche auf die mögliche Lagermenge zu finden. Nach DIN 1055 dient bei Speicherbauten als einheitliche Berechnungsgrundlage ein Raumgewicht von 750 kg/m³ für Getreide, Hülsenfrüchte, Flachssamen und Kleesamen. Bei der in Flachspeichern möglichen Schütthöhe von 0,60 m lagern somit auf einem Quadratmeter 4,5 dz. Von der Gesamtfläche sind noch 25% für Arbeitsraum und Wege abzuziehen, so daß also im Mittel auf einem Quadratmeter 3,4 dz lagern bzw. etwa 3 m² der Lagerkapazität von 1 t entsprechen. Mit diesem Faktor wurden die 7 Betriebe mit bekannter Lagerkapazität durchgerechnet. Die so ermittelten Werte lagen jedoch um etwa 24% zu hoch. Deswegen wurde der Berechnung der Faktor 4 zugrunde gelegt. Unter Berücksichtigung einer Belastung von 250 kg/m² = 1 t/4 m² ergaben sich Werte, die den Feststellungen in der Praxis etwa gleichkommen.

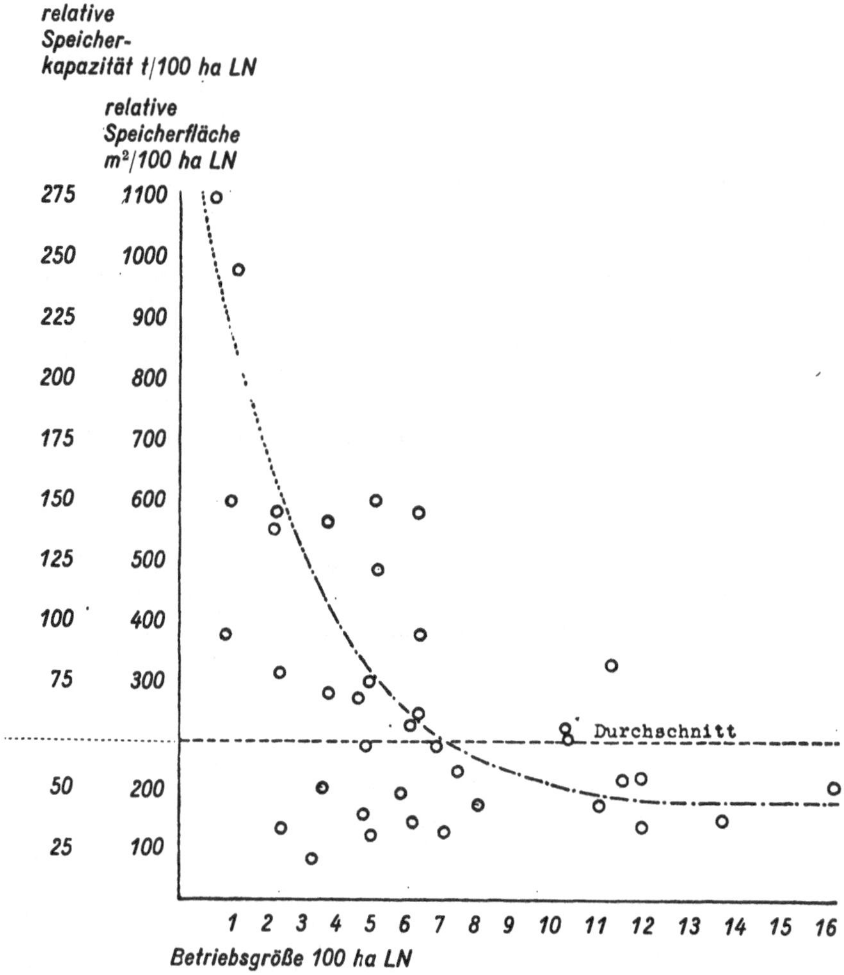

Abb. 20. Beziehungen zwischen der Betriebsgröße und der relativen Größe der Speicherfläche (Speicherkapazität)

Im Mittel: 247m²/100 ha LN oder 62 t/100 ha LN. Die untersuchten Speicher hatten eine Tragfähigkeit von 250 kg/m² = 1 t/4m²

So betrachtet liegt die Mehrzahl der Speicher der untersuchten Betriebe (70%) im Bereich zwischen 100 und 400 t, ein kleinerer Teil (25%) liegt im Bereich zwischen 500 und 750 t; in keinem Betrieb lassen sich mehr als 1000 t lagern.

Im Mittel aller untersuchten Betriebe beträgt nach dieser Berechnung die Lagerungskapazität 62 t/100 ha LN.

c) Deduktive Betrachtung

Die Kapazität der Speicher ist so festzusetzen, daß der Jahresbedarf für Saat-, Futter- und Brotgetreide gelagert werden kann. Es lag daher nahe, die benötigte Speicherkapazität für die untersuchten Betriebe entsprechend der gegenwärtigen Organisation vor allem im Hinblick auf das vorhandene Anbauverhältnis, den Viehbesatz und die Anzahl der beschäftigten Arbeitskräfte zu

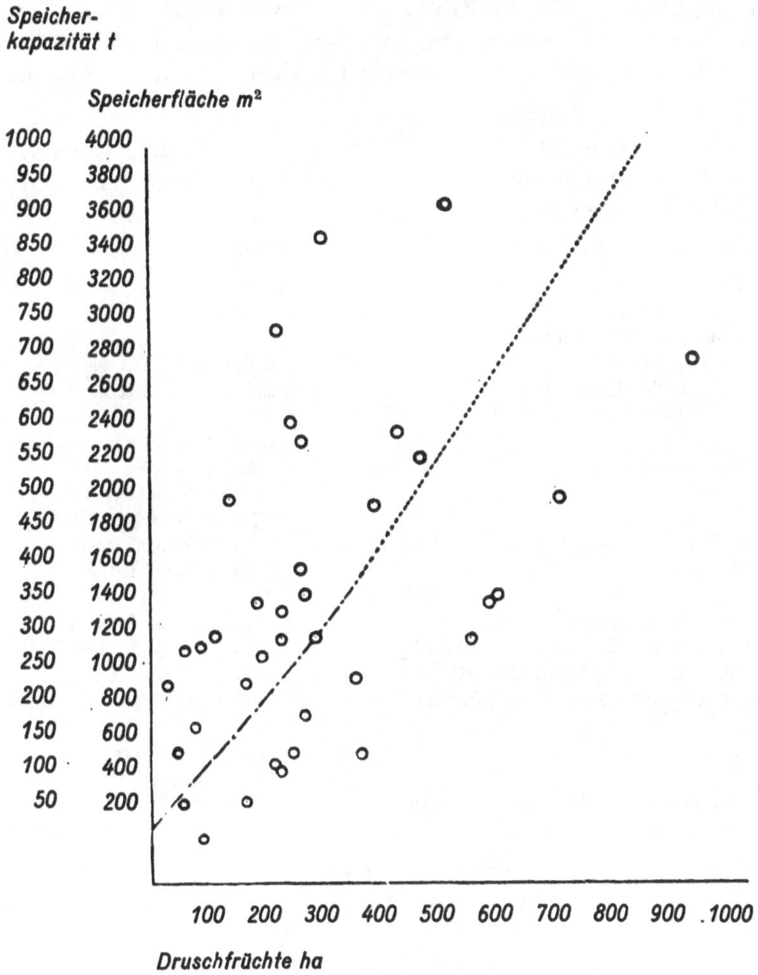

Abb. 21. Beziehungen zwischen der Größe der Anbaufläche von Druschfrüchten (Getreide, Hülsen- und Ölfrüchten) und der Größe der Speicherfläche (Speicherkapazität)

Die untersuchten Speicher hatten eine Tragfähigkeit von 250 kg/m² = 1 t/4 m² ermitteln. Den Berechnungen wurden dabei folgende Optimalwerte zugrunde gelegt:

Saatgutbedarf:

Getreide	160 kg/ha Anbaufläche
Hülsenfrüchte	280 kg/ha ,,
Ölfrüchte	10 kg/ha ,,
Rüben	30 kg/ha ,,
Feldfutterbau	100 kg/ha ,,

Die Aussaatmenge für den Feldfutterbau liegt zwar unter der Norm für Grünfuttergemenge, aber wesentlich über der Norm für Luzerne oder Klee, so daß 1 dz/ha Anbaufläche für die Berechnung der Speicherkapazität richtig erscheint.

Futterbedarf: Der Berechnung des Jahresbedarfes an Kraftfutter je Tier lagen die Mengen zugrunde, die am 28. Februar 1952 von einer Kommission der Sektionen Tierzüchtung und Tierernährung sowie Agrarökonomik der Deutschen Akademie der Landwirtschaftswissenschaften zu Berlin durch HARING, STAHL und HOFFMANN festgesetzt worden waren:

Arbeitspferde	18 dz Hafer
Fohlen bis 3 Jahre alt	5 dz Hafer
Milchkuh bei Stallfütterung	
(3000 l Milchleistung)	3,6 dz Kraftfutter
bei 160 Tagen Weidegang	2,0 dz Kraftfutter
bei höherer Milchleistung je l Milch und Tag	50 g verdauliches Eiweiß und 250 g Stärkewerte
Jungvieh 1. Lebensjahr	2,7 dz Hafer
	1,8 dz Eiweißkraftfutter
	1,8 dz Trockenschnitzel
Jungvieh, 2. und 3. Lebensjahr	0,5 dz Kraftfutter
Zuchtbulle	7,5 dz Kraftfutter
Zuchtsau mit jährlich 16 geborenen und 11,5 bis 8 Wochen aufgezogenen Ferkeln	10,0 dz Gerste 0,8 dz Eiweißfutter
Mastschweine vom Absetzen bis zu 130 kg Schlachtgewicht (Hackfruchtmast)	1,5 dz Kraftfutter 0,4 dz Eiweißfutter
(Die Werte für Getreidemast = 4 dz Gerste und 0,25 dz Eiweißfutter blieben unberücksichtigt.)	
Zuchteber	6,9 dz Kraftfutter
	0,3 dz Eiweißfutter
Mutterschaf mit Aufzucht eines Lammes	0,75 dz Kraftfutter
	0,25 dz Trockenschnitzel

Brotgetreide: Der Brotgetreidebedarf wurde auf Grund der Mengen errechnet, die den Versorgungsberechtigten auf den untersuchten Betrieben gegenwärtig täglich zustehen:

600 g Brot- und Futtergetreide und
80 g Getreide für Nährmittel.

Der Jahresbedarf beträgt somit etwa 2,5 dz. Davon werden 25% sofort bei der Ernte ausgegeben, so daß noch 75% = 1,9 dz einzulagern sind.

Im allgemeinen kann es als zweckmäßig angesehen werden, zu den so gewonnenen Werten etwa 10 bis 20% hinzuzurechnen, um eine Reserve für Auswinterungs-

schäden, Viehzugang oder andere Fälle zu haben. 20% erscheinen dafür angemessen, weil die Ertragsschwankungen der meisten Druschfrüchte nach BIELKA (6) bei etwa $\pm 20\%$ liegen. Die Höhe des Viehbesatzes kann gleichen Schwankungen unterworfen sein. In den vorliegenden Untersuchungen ist dieser Zuschlag nicht berücksichtigt worden.
Wie aus den Abb. 22 und 23 hervorgeht, hängt die errechnete Speicherkapazität

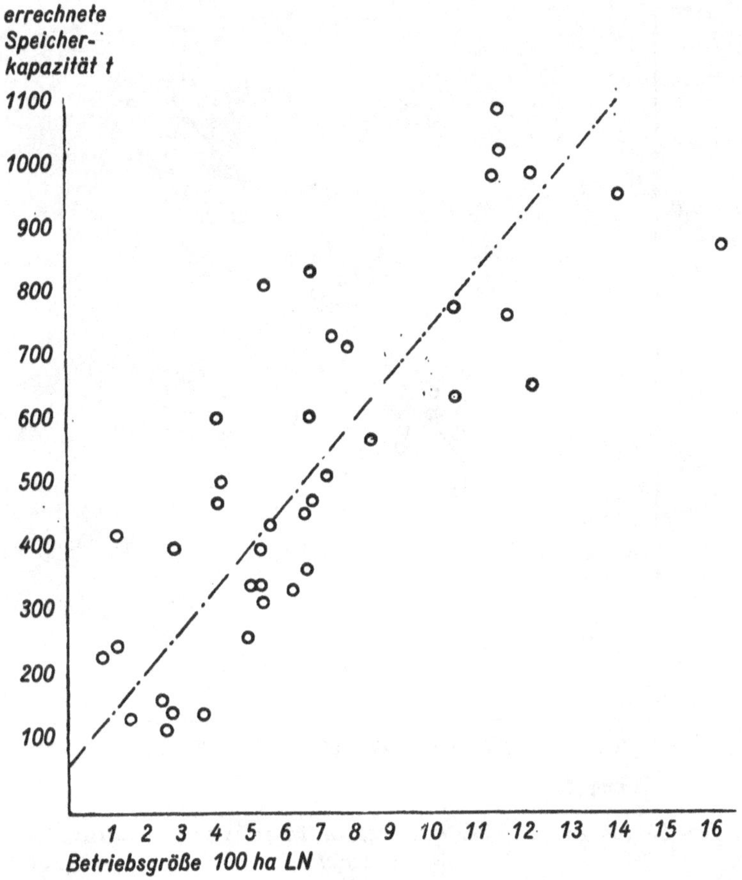

Abb. 22. Beziehungen zwischen der Betriebsgröße und der errechneten Speicherkapazität
Im Mittel: 92 t/100 ha LN

mehr von der Höhe des Viehbesatzes als von der Betriebsgröße ab. Das ist auch leicht verständlich, weil sich im Mittel aller untersuchten Betriebe die Lagerkapazität etwa folgendermaßen verteilte:

Saatgutbedarf	=	9,5%
Futterbedarf	=	84,5%
Brotgetreidebedarf	=	6,0%
insgesamt	=	100,0%

Dabei bestehen natürlich entsprechend dem Nutzflächenverhältnis und der Höhe des Viehbesatzes sowie der Zahl der versorgungsberechtigten Arbeitskräfte größere Unterschiede von Betrieb zu Betrieb.

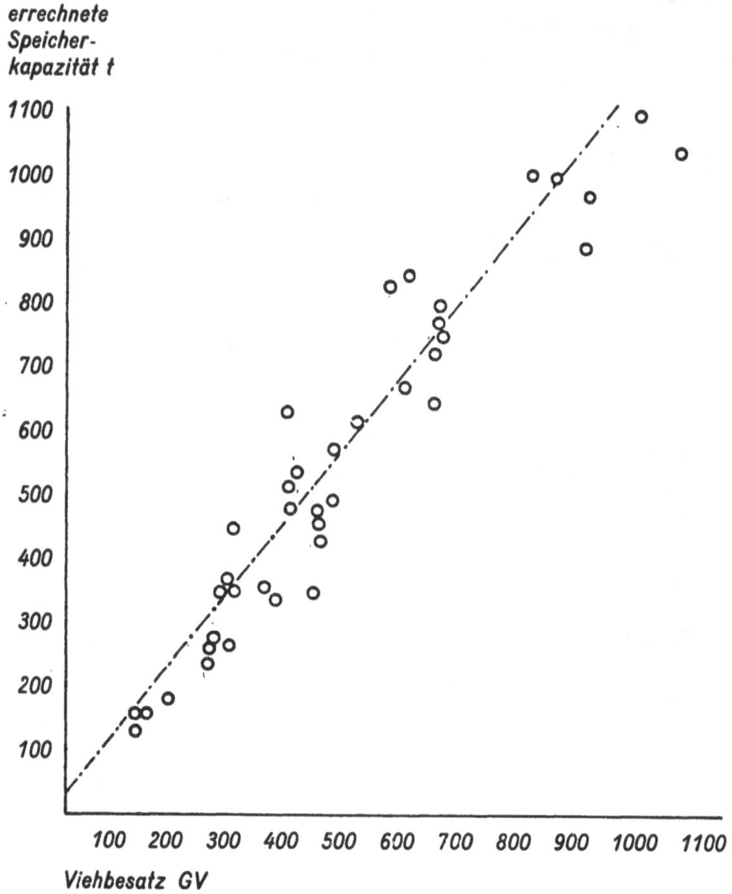

Abb. 23. Beziehungen zwischen der Höhe des Viehbesatzes und der errechneten Speicherkapazität

Im Mittel: 1,18 t Speicherkapazität je GV

In den 38 untersuchten Betrieben müßten nach den durchgeführten Berechnungen 21300 t (das sind im Mittel 92 t/100 ha LN oder 1,2 t/GV) gelagert werden können. Nach den durch Umrechnung von den gemessenen Speicherflächen gefundenen Werten können gegenwärtig aber nur 14600 t, das sind nur 68% des Bedarfes gelagert werden, so daß ein Defizit von etwa 32% besteht. Abb. 24 verdeutlicht, daß auch unter Berücksichtigung der errechneten Werte die relative Speicherfläche mit zunehmender Betriebsgröße abnimmt.

Schließlich wurde auch noch die in den untersuchten Betrieben zu erwartende Erntemenge berechnet, um zu klären, wie hoch der Anteil der Menge ist, der als Saat-, Futter- oder Brotgetreide eingelagert werden muß. Der Berechnung lagen die folgenden Werte zugrunde. Sie werden zwar nach den Angaben von KÖN-

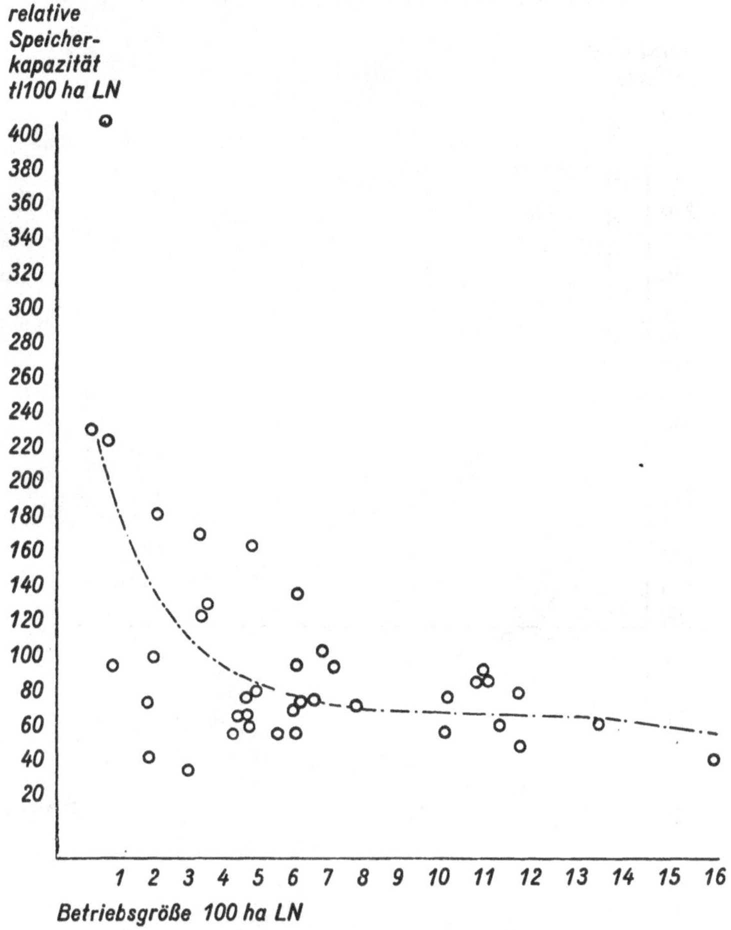

Abb. 24. Beziehungen zwischen der Betriebsgröße und der errechneten relativen Speichergröße

NECKE (40) noch nicht im Durchschnitt aller Betriebe erreicht, mit ihnen läßt sich aber grundsätzlich, vor allem in der Zukunft, rechnen, wenn auch die von BIELKA (6) und KLITSCH (38) mitgeteilten Ertragszahlen berücksichtigt werden:

Wintergetreide	35 dz/ha
Sommergetreide	30 dz/ha
Hülsenfrüchte	25 dz/ha
Ölfrüchte	20 dz/ha

Aus Abb. 25 ist zu entnehmen, daß der Anteil der auf dem Speicher einzulagernden Erntemenge in der Mehrzahl der Fälle zwischen 40 und 80%, im Mittel bei 63%, liegt. Es treffen also auch heute noch im wesentlichen die eingangs zitierten Worte WAGNERs (92) zu, wonach mindestens die Hälfte, höchstens jedoch zwei Drittel der durchschnittlichen Erntemenge eingelagert werden

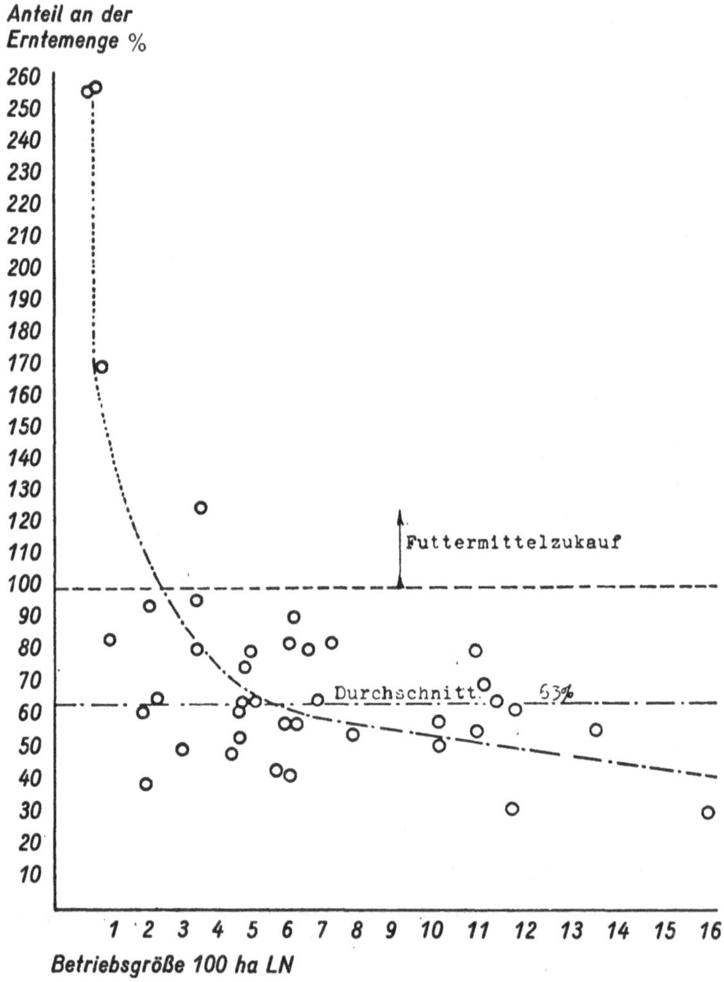

Abb. 25. Beziehungen zwischen der Betriebsgröße und dem Anteil der Gesamterntemenge, der als Saatgut, Futtermittel und Brotgetreide auf dem Speicher gelagert werden muß

sollten. Naturgemäß sind aber gerade diese Werte größeren Schwankungen unterworfen, weil weder die Ernteerträge noch der Viehbesatz konstant bleiben. Für die Planung eines Speichers ist indessen nicht allein die Kenntnis der notwendigen Kapazität wichtig; es ist auch nötig, zu wissen, in welche Posten die einzulagernden Mengen zu trennen sind. Die Klärung dieser Frage muß einer besonderen Untersuchung vorbehalten bleiben. Gegenwärtig lassen sich in dieser Hinsicht noch keine allgemeingültigen Regeln aufstellen, weil hierbei die speziellen betrieblichen Verhältnisse große Bedeutung besitzen. So müssen beim Saatgetreide die im Betrieb zum Anbau gelangenden Sorten der einzelnen Fruchtarten voneinander getrennt aufbewahrt werden. Ebenso ist die Trennung in einzelne Posten auch beim Futtergetreide notwendig. In der oben mitgeteilten Berechnungsgrundlage für den Futterbedarf war bei Milchkühen, Jungvieh, Zuchtbullen, Mastschweinen, Zuchtebern und Mutterschafen lediglich „Kraftfutter" aufgeführt worden. Dieses „Kraftfutter" ist ein Gemisch aus verschiedenen Einzelfuttermitteln, das je nach Tierart, Alter der Tiere, Fütterungsart und zur Verfügung stehenden Futtermitteln anders zusammengesetzt ist. Ein Unterschied besteht bereits hinsichtlich der Möglichkeit, industriell hergestellte Kraftfuttergemische zu beziehen oder die einzelnen Futtermittel getrennt zu beschaffen (oder z. T. selbst zu erzeugen) und im Betrieb zu mischen. In diesem Falle muß Lagermöglichkeit sowohl für die einzelnen Futterstoffe wie auch für das Futtergemisch vorgesehen werden, das für einen Zeitraum von einer bis vier Wochen fertig zubereitet wird. Die Möglichkeit des Bezuges von industriell zubereiteten Kraftfuttermitteln beeinflußt auch die notwendige Lagerkapazität im landwirtschaftlichen Betrieb, was jeweils im einzelnen zu berücksichtigen ist.

In den bisher gebräuchlichen Flachspeichern bereitete diese Unterteilung in einzelne Posten keine Schwierigkeiten. Die Probleme, die sich daraus bei der Lagerung in Behältern ergeben, bedürfen erst noch der Klärung. Vielleicht wird es richtig sein, für die größeren Einzelposten Behälter und für die Futtergemische entsprechende Schüttbodenflächen vorzusehen. Entsprechend ist bei der Lagerung des Saatgutbedarfes zu verfahren: Einheitliche Sorten der einzelnen Fruchtarten begünstigen die Verwendung von Behältern.

d) Schlußfolgerung

Die Untersuchungen der Speicher führten zu folgenden Ergebnissen:

1. Die untersuchten Betriebe wiesen fast ausschließlich Flachspeicher auf. Getreide- und Futtermittelspeicher wurden im Rahmen dieser Untersuchung gemeinsam behandelt. Im Mittel aller untersuchten Betriebe waren 250 m² Speicherfläche oder 62 t Lagerkapazität je 100 ha LN vorhanden. Die Berechnungen ergaben, daß im Mittel 4 m² Speicherfläche der Lagerkapazität von 1 t entsprachen.
2. Mit zunehmender Betriebsgröße nimmt der relative Speicherbedarf ab, doch ist bei Betrieben mit mehr als 700 ha LN der Einfluß der Betriebsgröße wesentlich geringer.
3. Es zeichnet sich eine Tendenz ab, vom Schüttbodenspeicher auf die Behälterlagerung unter Verwendung von Kraftlüftung überzugehen, um Baukosten zu sparen.

4. Der Speicher muß den Saatgut-, den Futtermittel- und den Brotgetreidebedarf eines Jahres aufnehmen können. Es wurden die Einzelwerte, die als Grundlage der Berechnung dienen, mitgeteilt. Zu der auf diese Weise errechneten Speicherkapazität wird ein Zuschlag bis zu 20% für zweckmäßig erachtet, um eine Reserve für die Schwankungen im Ertrag der Feldkulturen sowie auch des Viehbesatzes zu haben. Die gesamte einzulagernde Menge verteilte sich nach den Berechnungen im Mittel etwa folgendermaßen: für Saatgut 9,5%, für Futtermittel 84,5% und für Brotgetreide 6%.
5. Entsprechend der für die untersuchten Betriebe auf der angegebenen Grundlage errechneten notwendigen Speicherkapazität müssen sich im Mittel 92 t je 100 ha LN (für überschlägliche Berechnungen können 100 t/100 ha LN angenommen werden) oder 1,2 t/GV einlagern lassen.
6. Ein Vergleich der vorhandenen mit der rechnerisch notwendigen Speicherkapazität ergab ein Defizit von etwa 32%, was die während der Untersuchung gewonnenen Eindrücke erhärtet.
7. Im Durchschnitt aller untersuchten Betriebe müssen etwa 63% der gesamten Erntemenge als Saatgut, Futtermittel oder Brotgetreide eingelagert werden. Die Werte streuen dabei entsprechend dem Anteil der Druschfrüchte an der landwirtschaftlichen Nutzfläche und entsprechend der Höhe des Viehbesatzes sehr stark. Der größte Teil liegt im Bereich zwischen 40 und 80%. Insgesamt ist eine fallende Tendenz der Werte mit zunehmender Betriebsgröße festzustellen.
8. Der Übergang von der Lagerung auf Schüttböden zur Lagerung in Behältern sowie die Zunahme der Produktion von Kraftfuttermitteln durch die Industrie werfen neue Probleme auf, die in einer gesonderten Untersuchung noch geklärt werden müssen.

4. Handelsdüngerlager

a) Allgemeines

Handelsdüngemittel haben nur dann die volle Wirkung, wenn sie zum richtigen Zeitpunkt ausgestreut werden. Weil die Düngemittelfabriken kontinuierlich produzieren, die landwirtschaftlichen Betriebe aber einen periodischen Bedarf an Düngemitteln haben, ist es nicht möglich, die Versorgung mit Düngemitteln durch den laufenden Bezug sicherzustellen. Daher kommt den Handelsdüngerlagern im landwirtschaftlichen Betrieb große Bedeutung zu.

Nur in wenigen untersuchten Betrieben wurden vorbildliche Handelsdüngerlager angetroffen. Meistens aber konnte der Dünger nur irgendwie behelfsmäßig, teilweise in verschiedenen Gebäuden gelagert werden. In einigen Betrieben waren sogar Düngermieten im Freien angelegt worden, was natürlich Verluste und zusätzliche Arbeitsbelastungen zur Folge hatte.

Die relativ geringe Beachtung, welche die Lagerung der Handelsdüngemittel in der Mehrzahl der untersuchten Betriebe fand, worauf übrigens auch HALPAAP (24) hinweist, ist dadurch zu erklären, daß die Handelsdüngemittel zu der Zeit, als der größte Teil der Bausubstanz errichtet wurde, entweder noch unbekannt waren oder nicht die Bedeutung hatten wie in der Gegenwart. Bezeichnend dafür

ist, daß WAGNER (92) in seinem Handbuch 1907 zwar bereits Maschinenschuppen und Werkstätten, aber noch keine Handelsdüngerlager erwähnt.
In den untersuchten Betrieben wurden die Handelsdüngerlager ausgemessen. In den Maßen sind nicht nur die eigentlichen Lagerflächen, sondern auch die dazu notwendigen Verkehrsflächen, insbesondere die Mischflächen mit enthalten, sofern sie überhaupt vorhanden waren.

b) Induktive Betrachtung

In 37 Betrieben, die sich für die Auswertung eigneten und die 21900 ha LN bewirtschafteten, waren 12800 m² Handelsdüngerlagerfläche, im Mittel aller untersuchten Betriebe also 58 m²/100 ha LN ($s\% = 58{,}6$), vorhanden. Werden nur die Betriebe mit mehr als 200 ha LN betrachtet, dann sind es 56 m²/100 ha LN ($s\% = 45{,}7$). Als Ursache für diese große Streuung ließen sich weder die Betriebsgröße noch das Nutzflächenverhältnis (Betriebstyp) noch der Standort der Betriebe ermitteln. Die unterschiedliche Größe der Handelsdüngerlager ist lediglich aus den speziellen örtlichen Verhältnissen zu erklären. Im übrigen sei noch festgestellt, daß die Betriebe mit weniger als 200 ha LN relativ große Handelsdüngerlager haben, weil eine gewisse Mindestgröße nicht unterschritten wird.

c) Deduktive Betrachtung

Die Möglichkeit überdachter Lagerung muß für alle Stickstoff-, Phosphorsäure- und Kalidüngemittel geschaffen werden, während Kalk auch im Freien lagern kann. Der Jahresbedarf an Handelsdüngemitteln liegt nach Angaben von WICKE (95) im Durchschnitt bei 900 kg/ha LN. Den Angaben des Statistischen Jahrbuches (106) kann entnommen werden, daß 1954/55 in der Deutschen Demokratischen Republik im Mittel 410 kg/ha LN, in der Bundesrepublik Deutschland 490 kg/ha LN Düngemittel verbraucht wurden. Für die Bauplanung wird es indessen für zweckmäßiger gehalten, mit dem höheren Wert von 900 kg/ha LN zu rechnen. Der Hauptverbrauch liegt im Frühjahr, wohingegen im Herbst nur ein Teil verbraucht wird. Es ist zweckmäßig, das Handelsdüngerlager nach dem gesamten Jahresbedarf zu berechnen. Als Durchschnittsgewicht für die verschiedenen Handelsdüngersorten gelten 1000 kg/m³. Die Schütthöhe kann mit 1,50 bis 2,00 m angenommen werden. Somit kann auf einem halben Quadratmeter der Jahresbedarf eines Hektars lagern, wobei es allerdings notwendig ist, die einzelnen Handelsdüngersorten in einem Verhältnis zueinander zu lagern, das WICKE (95) wie folgt vorschlägt:

Betriebsgröße × Faktor = dz Düngemittel		
Kalkammonsalpeter	1,7	
Schwefelsaures Ammoniak	0,6	
Kalkstickstoff	0,7	
Stickstoffdünger insgesamt		3,0
Thomasmehl	1,8	
Superphosphat	1,2	
Phosphorsäuredünger insgesamt		3,0
Kali (40%)	2,4	
Kainit	0,6	
Kalidünger insgesamt		3,0

Zu der somit gefundenen notwendigen Lagerfläche von etwa 0,5 m²/ha LN ist noch ein Zuschlag für die Mischfläche notwendig, der mit 30% (= 0,15 m²/ha LN) nicht zu gering bemessen sein dürfte. Im allgemeinen wird die mittlere Durchfahrt des Handelsdüngerlagers mit als Mischfläche verwendet. Diese muß jedoch so breit sein, daß die Wagen noch neben die gemischten Düngermengen fahren können. CORDS (16) rechnet mit 600 kg/ha Düngemitteln und 1,50 m Schütthöhe und gibt für Großbetriebe 0,4 m²/ha Lagerfläche plus 25% Zuschlag an. HALPAAP (24) hält es für möglich, den Handelsdünger 2 m und höher zu lagern.

d) Schlußfolgerung

Die Untersuchungen der Handelsdüngerlager führten zu folgenden Ergebnissen:

1. Je 100 ha LN sind bei einem durchschnittlichen Jahresverbrauch von 9 dz/ha Düngemitteln und bei einer möglichen Schütthöhe von 2 m

   50 m² Lagerfläche und
   15 m² Misch- und Verkehrsfläche

   also insgesamt 65 m² Handelsdüngerlagerfläche notwendig.
2. Die untersuchten Betriebe haben danach im Mittel einen Mangel an Handelsdüngerlagerfläche von etwa 15%.

5. Giftraum

a) Allgemeines

In gleicher Weise wie bei den Handelsdüngemitteln ist in landwirtschaftlichen Betrieben auch für die Pflanzenschutz- und Schädlingsbekämpfungsmittel eine gewisse Vorratshaltung nicht zu umgehen. Hierzu ist nach den Bestimmungen des Giftgesetzes (Gesetz über den Verkehr mit Giften von 6. 9. 1950, Gbl. S. 977) ein besonderer Giftraum notwendig, der folgenden Anforderungen zu genügen hat:

1. Er muß geschlossen, mit eigenem Zugang, doch ohne Verbindung mit Wohn- und Wirtschaftsräumen sein.
2. Er muß jedem unbefugten Zutritt entzogen und darum durch eine feste Tür mit Sicherheitsschloß verschließbar sein (Doppeltür). Die Fenster sollen durch Gitter und Läden gesichert sein.
3. Er muß vor allem trocken und frostsicher sowie ausreichend belichtet oder beleuchtet sein.
4. Ein dichter, fugenloser Fußboden muß eine leichte Säuberung gestatten.
5. Die Pflanzenschutz- und Schädlingsbekämpfungsmittel sind auf Regalen oder in Schränken aufzubewahren.

b) Induktive Betrachtung

In 11 von 40 untersuchten Betrieben (= 28%) waren besondere Gifträume vor handen. In allen Fällen sind alte Räume verwendet worden, die früher eine andere Bestimmung erfüllten. Unabhängig von der Betriebsgröße waren die Räume durchschnittlich 15 bis 20 m² groß.

c) Deduktive Betrachtung

Im Schrifttum waren keine Angaben über den Bedarf an derartigen Giften zu finden. Darum haben wir uns an HEY (31) gewandt, der uns hierzu folgendes mitteilte:

„Der Bedarf an chemischen Pflanzenschutz- und Schädlingsbekämpfungsmitteln ist natürlich abhängig von der Betriebsart, von den Kulturpflanzenarten, er ist auch jahrweise je nach Witterung und Gegend verschieden. Es muß eine gewisse Vorratshaltung möglich sein, was bei den Ausmaßen des Raumes zu beachten ist. Für eine landwirtschaftliche Nutzfläche von 100 ha kommen etwa folgende Mengen an Bekämpfungsmitteln in Betracht:

20 kg Trockenbeizmittel,
200 kg insektizide Stäubemittel,
50 kg Unkrautbekämpfungsmittel,
100 kg kupferhaltige Präparate,
10 kg Vorratsschutzmittel.

Wird Obstbau in der LPG betrieben, erhöht sich die Menge um
100 kg pulverförmige oder flüssige Präparate.

Es wäre auch daran zu denken, in dem Giftraum die Einlagerung von Präparaten zur Tierseuchenbekämpfung zu ermöglichen, wozu etwa 50 kg zu veranschlagen sind."

Entsprechend den Angaben von HEY (31) ist der Raumbedarf nicht groß, weil die Mittel stets in Behältern verpackt sind und auf Regalen gelagert werden können.

d) Schlußfolgerung

Infolgedessen wird etwa folgendes Raumprogramm für zweckmäßig erachtet:

Betriebsgröße bis		200 ha LN	=	10 m²
über 200	bis	500 ha LN	=	15 m²
über 500	bis	1000 ha LN	=	20 m²
über 1000		ha LN	=	25 m².

6. Sonstige Bauten für die Vorratshaltung

Zu den Bauten für die Vorratshaltung rechnen vor allem noch die Lagerhäuser für Kartoffeln, Obst und Gemüse. Sie wurden jedoch in keinem der untersuchten Betriebe angetroffen. Die Bauplanung muß jedoch künftig grundsätzlich derartige Gebäude mit vorsehen, deren Bedeutung seit einigen Jahren immer mehr zunimmt. Teilweise sind Bestrebungen im Gange, Vielzwecklagerhäuser zu errichten, in denen sowohl Kartoffeln wie Obst und Gemüse lagern können, in denen aber auch Heu und Getreide getrocknet werden kann, sofern das nötig ist und für zweckmäßig befunden wird.

Kartoffellagerhäuser

In den Kartoffellagerhäusern können bei Vorhandensein von Kraftlüftung die Kartoffeln bis zu 4 m Höhe gelagert werden. Weil die Entwicklung der Kartoffellagerhäuser und ihre Verbreitung in der Praxis erst begonnen hat, ist es verfrüht, betriebswirtschaftlich begründete Angaben über die notwendige Größe der Kartoffellagerhäuser zu machen.

Die umfassendsten deutschen Darstellungen der Kartoffellagerhäuser liegen bisher von KLOEPPEL und POHLMANN (39) sowie von GUHL (23a) vor.

Bei einem mittleren Pflanzgutbedarf von etwa 25 dz/ha und einem Raumgewicht von etwa 650 kg/m³ werden je Hektar Kartoffelanbaufläche 4 m³ Kartoffellagerraum benötigt. Kartoffellagerhäuser lohnen im allgemeinen erst dann, wenn mehr als 200 t eingelagert werden sollen. Andernfalls sind einzelne frostsichere und belüftbare Räume vorzuziehen. In welchem Umfang auch Speisekartoffeln in landwirtschaftlichen Betrieben in Lagerhäusern untergebracht werden können und sollen, müssen weitere Untersuchungen noch klären.

Futterkartoffeln werden zweckmäßigerweise nicht in Lagerhäusern aufbewahrt, sondern unmittelbar nach der Ernte gedämpft und eingesäuert.

Obstlagerhäuser

In landwirtschaftlichen Großbetrieben dürfte der Obstbau kaum einen solchen Umfang einnehmen, daß der Betrieb eine reine Obstbauwirtschaft oder daß der Obstbau der vorherrschende Betriebszweig ist. In der Regel wird der Obstbau einen Teilbetriebszweig bilden und darum nicht über 10% LN ausgedehnt werden.

Die Errichtung des Obstlagerhauses im Erzeugerbetrieb bietet im betriebswirtschaftlichen Sinn und im Hinblick auf die Qualität des geernteten Obstes entscheidende Vorteile.

Die Größe der Obstlagerhäuser richtet sich nach dem zu erwartenden Ernteertrag, von dem der Teil abzuziehen ist, der bereits im Herbst verkauft wird.

Nach mündlichen Angaben des Obstbauversuchsringes Jork im Alten Land bei Hamburg vom Februar 1956 wird mit folgenden Ernteerträgen gerechnet:

früher	100 bis 200 dz/ha
jetzt im Durchschnitt . . .	250 bis 300 dz/ha
künftig	500 dz/ha

Es ist anzunehmen, daß sich diese Erträge nicht überall erreichen lassen, doch muß Erweiterungsfähigkeit vorgesehen werden. Es ist zu berücksichtigen, daß keinesfalls die gesamte Erntemenge eingelagert wird.

Im Obstlagerhaus Staffelde bei Hamburg wurden bei 3,60 m Lagerhöhe etwa 11 Kisten mit je 20 kg Obst übereinander gestapelt, so daß je Quadratmeter Lagerfläche etwa 10 dz Obst lagern.

Abschließend sei gesagt, daß die Aufnahme von Obstbau eine entscheidende betriebswirtschaftliche Maßnahme darstellt, die auch genaue Überlegungen über Art und Größe des benötigten Obstlagerhauses erfordert.

Trocknungsanlagen

In welchem Umfang Grünfuttertrocknungsanlagen künftig jedem einzelnen landwirtschaftlichen Großbetrieb zugeordnet werden und inwieweit es möglich ist, diese mit der Getreidetrocknung zu verbinden, muß noch weiteren Untersuchungen vorbehalten bleiben.

Einzelne Spezialbetriebe werden besondere Trocknungsanlagen, z. B. für Hopfen oder Tabak, benötigen. KLINK (37) teilt mit, daß bei Tabaktrockenschuppen 8 m^3 umbauter Luftraum erforderlich sind, um den Ertrag von 1 a Tabak zum Trocknen aufzuhängen.

Im übrigen hängt die Größenbemessung von Trocknungsanlagen nicht allein von den landwirtschaftlichen Gegebenheiten als vielmehr vom Stand der technischen Entwicklung ab, die gegenwärtig stark im Fluß ist.

V. BAUTEN FÜR DIE TIERHALTUNG

Zu den Bauten für die Tierhaltung rechnen die Stallungen mit den dazu erforderlichen Nebenräumen und Anlagen, wie Futterzubereitungsräume, Milchwirtschaftsräume, Bruträume, Düngerstätten und Jauchegruben.

Grundlage für die Berechnung bildet der Viehbesatz, der darum in den untersuchten Betrieben näher betrachtet wurde. Insgesamt hielten die 40 untersuchten Betriebe 18240 GV, was einem Viehbesatz von 76 GV/100 ha LN ($s\% = 29$) entspricht. Wie Abb. 26 zeigt, nimmt der relative Viehbesatz mit steigender Betriebsgröße ab. Die starke Streuung ist vor allem aus der unterschiedlichen Zusammensetzung des Viehbestandes zu erklären, der von Betrieb zu Betrieb, entsprechend den besonderen natürlichen und ökonomischen Bedingungen jedes einzelnen Betriebes, starken Schwankungen unterworfen war, wofür sich keine Gesetzmäßigkeiten auffinden ließen.

Im einzelnen verteilte sich der Gesamtviehbesatz in diesen Betrieben folgendermaßen auf die einzelnen Tierarten, wobei die gefundenen Werte den Angaben gegenübergestellt werden, die KÖNNECKE (40) und das Statistische Jahrbuch (106) für alle volkseigenen Güter (VEG) mitteilen:

Tierart	Untersuchte Betriebe		VEG 1953 GV/100 ha LN (40)	VEG 1955 GV/100 ha LN (106)
	GV/100 ha LN	%		
Pferde	6,9 ($s\% =$ 37)	9	•	6,3
Rindvieh	30,2 ($s\% =$ 34)	40	32,5	28,0
Schweine	31,2 ($s\% =$ 126)	41	20,0	27,2
Schafe	7,7 ($s\% =$ 31)	10	9,1	7,3
Zusammen	76,0	100	•	68,8

Die in den untersuchten Betrieben ermittelten Werte entsprechen somit etwa dem Durchschnitt aller Großbetriebe.

Die Untersuchung war dadurch begünstigt, daß die untersuchten Betriebe im Besichtigungszeitraum monatlich ihren Viehbesatz melden mußten. Soweit es möglich war, wurden diese monatlichen Meldungen ausgewertet. Die Durchschnittswerte, die den weiteren Berechnungen zugrunde lagen, sind also das Mittel aus den einzelnen Monatswerten.

Außerdem wurden alle Ställe besichtigt, ausgemessen und ausgewertet.

1. Rindviehställe

a) Allgemeines

Rinder sind als Rauhfutterverzehrer auf voluminöse Futtermittel angewiesen, deren Verfütterung die Rindviehhaltung erst wirtschaftlich gestaltet. Infolgedessen ist die Rindviehhaltung weitaus mehr an den Standort der Futtererzeugung gebunden als das beispielsweise bei den Schweinen der Fall ist, die auch unabhängig vom Standort der Futtererzeugung gehalten werden können. Diese Standortgebundenheit der Rindviehhaltung kommt auch in dem im Vergleich zu Schweinen relativ geringeren Variationskoeffizienten zum Ausdruck.

Untersuchungen, die sich mit dem notwendigen Stallraumbedarf für Rindvieh befassen, müssen klären, wieviel Rindvieh gehalten wird oder gehalten werden

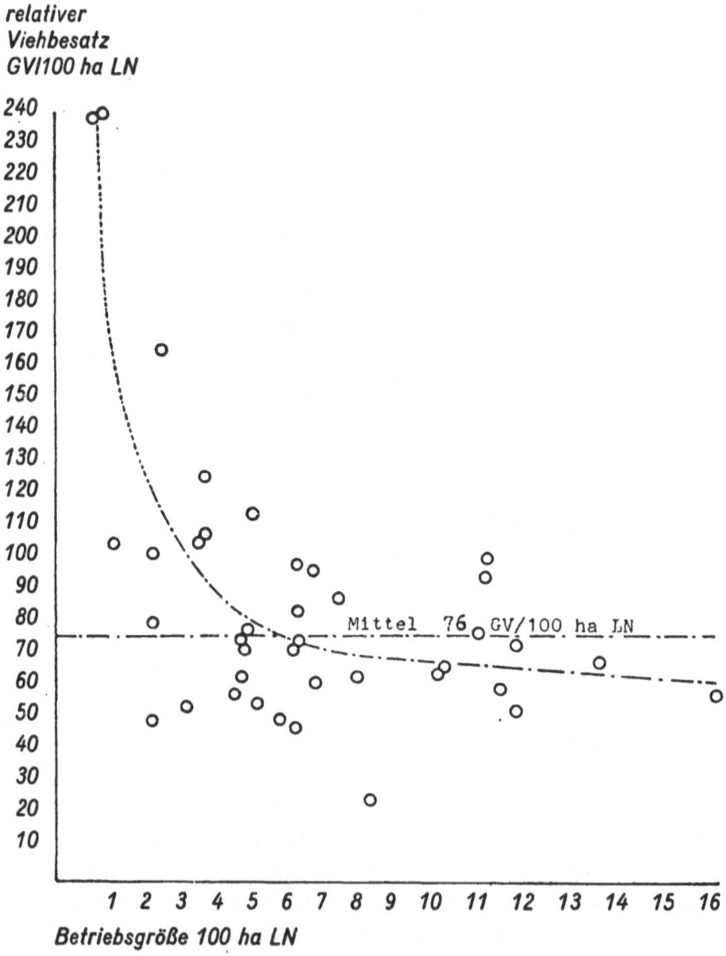

Abb. 26. Beziehungen zwischen der Betriebsgröße und dem relativen Viehbesatz

kann, wie sich der Rindviehbesatz zusammensetzt und welchen Schwankungen er im Jahresablauf unterworfen ist, weil der notwendige Stallraum nicht allein nach dem durchschnittlichen Viehbesatz bemessen werden kann.
Je nachdem ob Milch- oder Fleischgewinnung, Zucht oder Mast, Jungviehaufzucht oder Abmelkwirtschaft die Rindviehhaltung bestimmend beeinflussen, werden hierbei größere oder kleinere Unterschiede von Betrieb zu Betrieb zu verzeichnen sein. In den untersuchten Betrieben herrschte allgemein die Milchviehhaltung mit verstärkter Jungviehaufzucht (sowohl Zucht wie Mast) vor. Die Umstellung darauf war erst in den letzten Jahren vorgenommen worden, so daß die Stallverhältnisse noch nicht in allen Fällen dem Umfang des vorhandenen Viehbesatzes entsprachen. Die in den untersuchten Betrieben gewonnenen Erkenntnisse lassen sich nicht ganz verallgemeinern, weil den VEG im Rahmen der Volkswirtschaft besondere Aufgaben zukommen. Dennoch führen diese Betrachtungen zu Ergebnissen, die auch für andere Betriebe von Bedeutung sind.

b) Induktive Betrachtung

Umfang und Zusammensetzung des im Jahresdurchschnitt in den untersuchten 40 Betrieben gehaltenen Rindviehbestandes gehen aus folgender Übersicht hervor:

Tierart	Anzahl (Jahres-durch-schnitt)	Relativwert		Tiere je 100 ha LN	Auf 100 Kühe wurden im Durchschnitt gehalten	
		%	s%		Anzahl	s%
Kühe	3729	39,3	15,0	15,5	×	×
Kälber bis 3 Monate . .	1012	10,6	32,2	4,2	27,1	22,0
Jungvieh[1])	3566	37,5	32,1	14,9	95,6	26,5
Färsen über 2 Jahre . .	983	10,3	45,9	4,1	26,4	52,7
Bullen	104	1,1	48,6	0,4	2,8	24,9
Sonstiges Rindvieh (Zugochsen, Mastvieh)	111	1,2	132,5	0,5	3,0	132,1
Insgesamt.	9505	100,0	×	39,6	154,9	×

[1]) hiervon = 51% = 1/4 bis 1 Jahr
49% = 1 bis 2 Jahre

Die vorstehende Übersicht spiegelt nur die Durchschnittswerte wider, die aber für die Bauplanung wenig aussagen. In Abb. 27 ist darum gezeigt, daß sowohl die relative Zahl der Kühe wie auch die der insgesamt gehaltenen Rinder mit zunehmender Betriebsgröße abnimmt. In den Betrieben von etwa 100 ha LN werden teilweise mehr als 60 Stück Rindvieh, davon über 30 Kühe je 100 ha LN gehalten. In den Betrieben über 1100 ha LN sinken diese Werte auf 35 bis 25 Stück Rindvieh bzw. etwa 10 Kühe je 100 ha LN ab.

Die Betriebsgröße ist somit einer der entscheidendsten Faktoren, welche die Höhe des Rindviehbesatzes beeinflussen. Als weitere Faktoren konnten die natürlichen Standortbedingungen (Klima und Boden) festgestellt werden, welche die Futterwüchsigkeit maßgebend bestimmen. Allerdings bestanden keine eindeutigen Beziehungen zwischen dem Umfang des Dauergrünlandes einschließlich

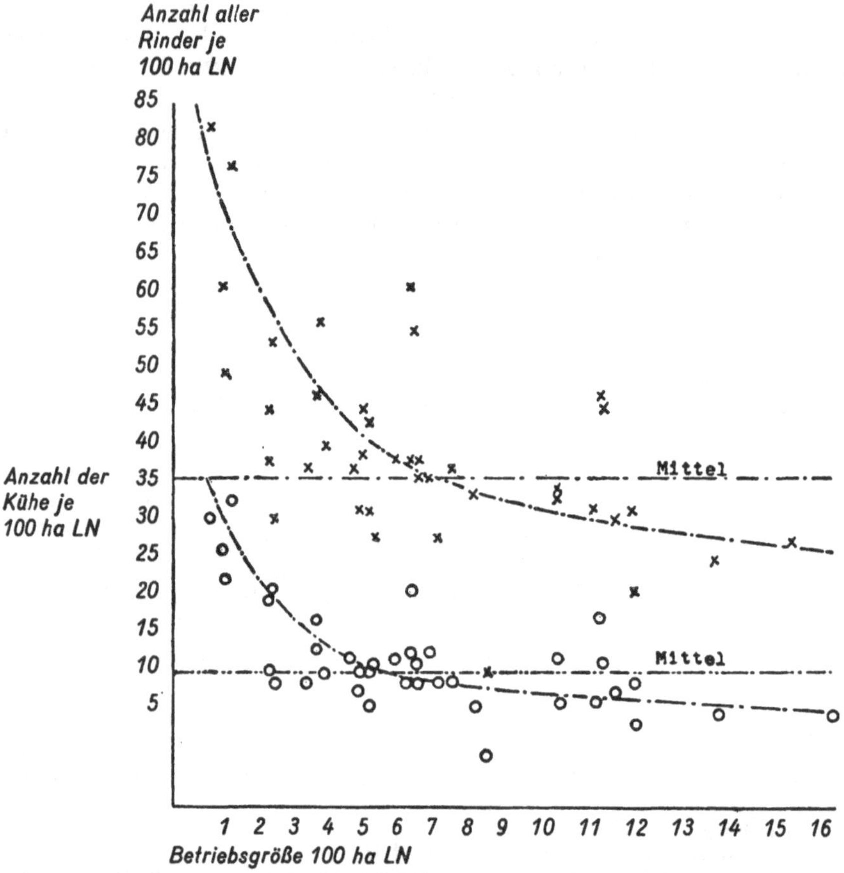

Abb. 27. Beziehungen zwischen der Betriebsgröße und der relativen Zahl der Rinder und der Kühe

Im Mittel: 40 Stück Rindvieh je 100 ha LN
16 Kühe je 100 ha LN
Kühe = 40 % des gesamten Rindviehbestandes

Feldfutterbau und der Höhe des Rindviehbesatzes, weil hierbei auch der Einfluß der anderen Faktoren zu spüren war. Als dritter Faktor machen sich noch die Stallverhältnisse bemerkbar. Das tritt jedoch nicht in dem Umfang in Erscheinung wie der Einfluß der Betriebsgröße und der natürlichen Standortbedingungen, doch konnte in einigen Betrieben der Viehbesatz nicht erhöht werden, weil die notwendige Stallkapazität noch nicht vorhanden war.

Abb. 28 veranschaulicht den relativen Rindviehbesatz (GV/100 ha LN) der untersuchten Betriebe und ihre Standortverteilung. In den südlicheren Bezirken mit vorherrschend kleineren Betrieben überwiegt die größere Viehdichte. Die Niederlausitz und die Altmark, also Gebiete mit guter Futterwüchsigkeit, haben immerhin noch einen mittleren Rindviehbesatz, während in den übrigen Gebieten mit großen Betrieben und leichten Böden nur relativ wenig Rindvieh gehalten wird.
Ähnliches läßt sich zu der relativen Zahl der Kühe (Stück je 100 ha LN) sagen (Abb. 29). Eine höhere Anzahl ist wiederum in den südlicheren Bezirken mit den kleineren Betrieben sowie in einigen Teilen Mecklenburgs, also in Gebieten mit besserer Futterwüchsigkeit, festzustellen.
Der Viehbesatz unterliegt stets gewissen Veränderungen, was durch den Ver- und Zukauf, durch Geburten und durch den Übergang in eine andere Alters- oder Gewichtsklasse der einzelnen Tiere bedingt ist. Würde der Stallraum nur nach dem Minimum oder nur nach dem Durchschnitt des Viehbesatzes berechnet, so könnte es eintreten, daß in einigen Monaten des Jahres Stallraummangel herrscht; wird den Betrachtungen nur das Maximum zugrunde gelegt, so ist zu erwarten, daß der Stallraum während einiger Monate des Jahres leer steht. Aus diesem Grunde war es notwendig, zu untersuchen, welchen Schwankungen der Rindviehbesatz von Monat zu Monat unterlag. In verschiedenen Betrieben war es möglich, von Monat zu Monat die Zahl der gehaltenen Tiere zu erfassen. Auf den daraus gewonnenen Durchschnitt (= 100 gesetzt) wurden die einzelnen Monatswerte bezogen. Von jedem Betrieb wurde das in einer Relativzahl ausgedrückte Minimum und Maximum festgestellt. Diese Einzelwerte dienten zur Berechnung des Durchschnitts für die einzelnen Altersklassen, wofür sich auch noch der Variationskoeffizient ermitteln ließ. Die Ergebnisse sind in der folgenden Übersicht dargelegt:

Altersklassen der Tiere	Zahl der untersuchten Betriebe	Anzahl der Tiere	Durchschnittliches Minimum		Durchschnittliches Maximum		Schlußfolgerung: Schwankungen % des Mittelwertes
			% des Mittelwertes	$s\%$	% des Mittelwertes	$s\%$	
Kühe	30	2740	92	6	108	5	± 8
Kälber bis 3 Monate .	25	488	45	50	160	7	± 60
Jungvieh bis 1 Jahr .	19	719	75	18	131	14	± 30
Jungvieh bis 2 Jahre	15	412	70	22	128	9	± 30
(Jungvieh insgesamt.	12	1284	80	18	117	9	± 20)
Färsen über 2 Jahre .	26	575	56	38	139	10	± 40

Diese Übersicht verdeutlicht, daß die Zahl der Kühe in den untersuchten Betrieben relativ sehr konstant ist. Das geht einmal aus der nur geringen Abweichung von ± 8% vom Mittelwert und zum anderen aus dem kleinen Variationskoeffizienten hervor.

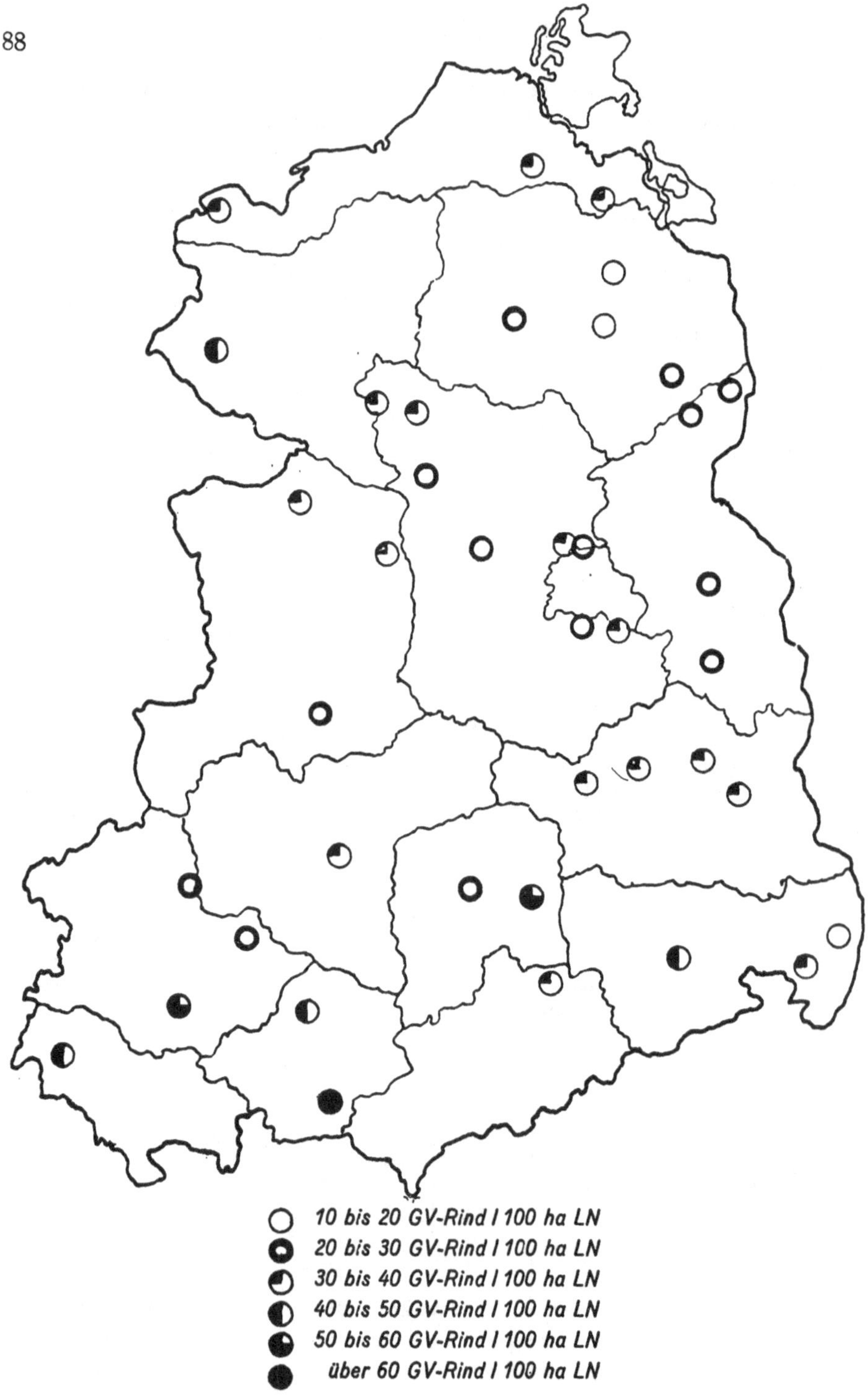

Abb. 28. Der relative Rindviehbesatz

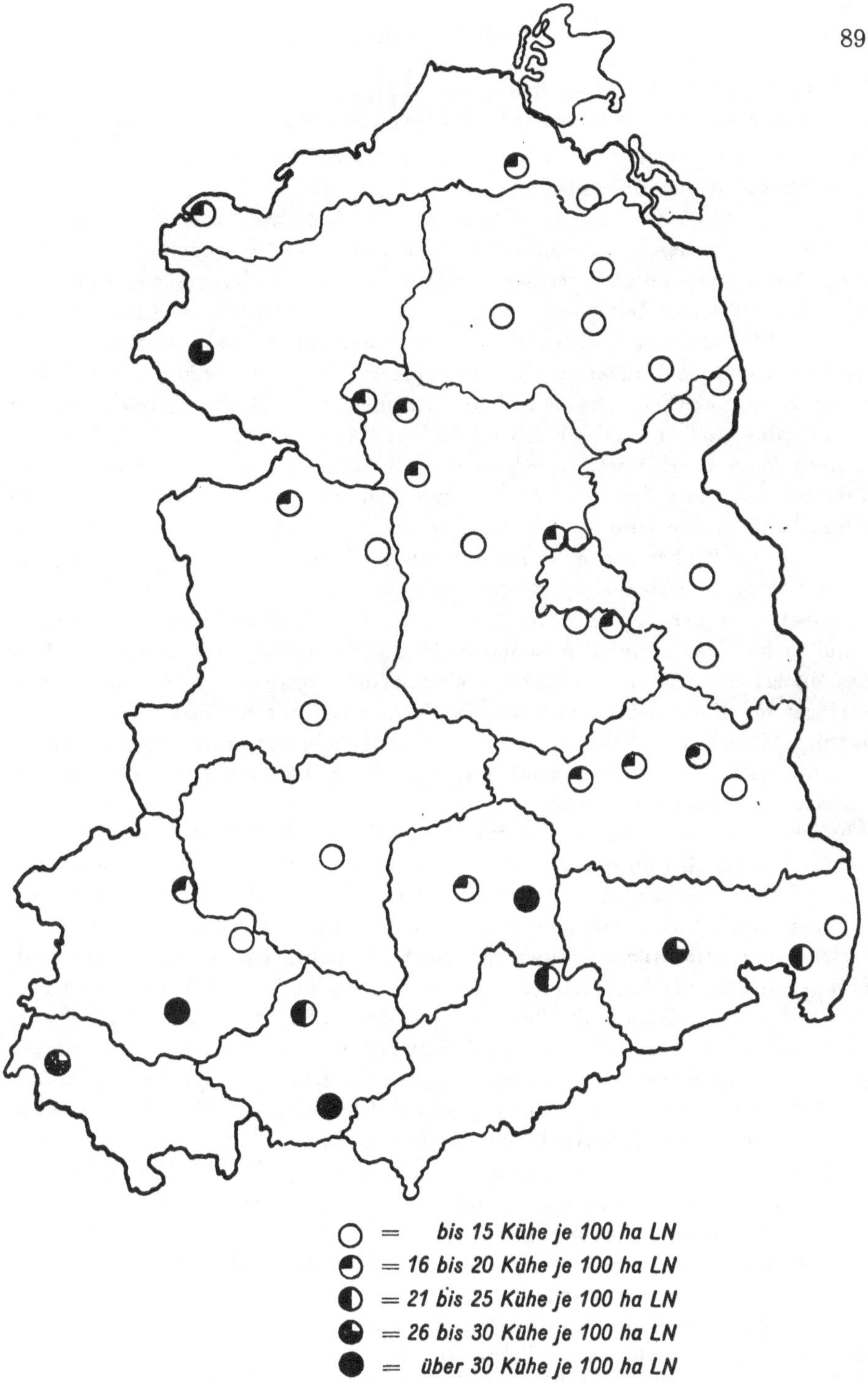

Abb. 29. Anzahl der Kühe je 100 ha LN

In den Ställen der Betriebe waren insgesamt 23% mehr Kuhplätze als Kühe vorhanden. Sie wurden größtenteils zur Aufstallung von Jungvieh oder Kälbern verwendet.

Festzustellen ist noch, daß keiner der untersuchten Betriebe an einem Standort mehr als 200 Kühe aufwies.

Wesentlich größer sind die Abweichungen vom Mittelwert und die Variationskoeffizienten bei den Kälbern bis zu 3 Monaten. Das ist mit den unterschiedlich verteilten Abkalbezeiten zu erklären. Die Abkalbezeiten drängen sich in einigen Betrieben auf kurze Zeit zusammen, so daß ein großer Bedarf an Kälberbuchten besteht. Eine allgemeingültige Regel, unter welchen Verhältnissen mit einem starken Zusammendrängen oder mit einer gleichmäßigen Verteilung der Abkalbezeiten zu rechnen ist, läßt sich nicht aufstellen. Eine nähere Betrachtung der Kälberzahlen in den Betrieben lehrte, daß das Maximum meist nur 1 bis 3 Monate besteht. Zum anderen war zu erkennen, daß das Maximum vornehmlich in den Monaten März bis Juni auftrat, in einer Zeit also, in der Kälte nicht mehr wesentlich schaden kann und somit eine vorübergehende behelfsmäßige Unterbringung der Kälber betriebswirtschaftlich zu verantworten ist. Insofern ist es nicht richtig, den Bedarf an Kälberboxen nach dem Maximum zu berechnen; vielmehr liegt der optimale Wert zwischen dem Mittelwert und dem durchschnittlichen Maximum, also zwischen 100 und 160% des Mittelwertes. Die Höhe des Mittelwertes richtet sich dabei nach der Nutzungsrichtung der Herde. Er ist geringer bei einer Gebrauchsherde, die Kälber nur zur Ergänzung der eigenen Herde aufzieht, und höher bei einem Zuchtbetrieb, der auch die Bullenkälber und die weiblichen Jungtiere mit aufzieht, die nicht mehr zur Ergänzung der eigenen Herde notwendig sind.

Ähnliche Gesichtspunkte treffen für die Bemessung der Abkalbestände zu. Nach NUSSHAG (66) werden die Kühe „erst dann wieder in den gemeinsamen Milchviehstall zurückgebracht, wenn sie frei von Ausfluß aus den Geschlechtsorganen sind". Das dürfte normalerweise nach 2 bis 3 Wochen der Fall sein. Bei gleichmäßig verteilten Abkalbezeiten reicht es daher aus, wenn 5% der Kuhstände als gesonderte Abkalbestände vorhanden sind. Eine Vergrößerung der Zahl der Abkalbestände, die keineswegs mehr als 8% der Kuhstände betragen sollte, ist nicht ohne weiteres zu befürworten, weil hiergegen auch wärmewirtschaftliche Bedenken bestehen. Bei einer Unterbelegung im Winter wird der Stall zu kalt, zumal ohnehin der Raumbedarf im Abkalbestall größer ist als im normalen Kuhstall. Ein Ausfüllen des leeren Raumes mit Stroh aus wärmewirtschaftlichen Gründen ist stets nur als unerwünschter Notbehelf zu betrachten. Nur in 14 von 40 untersuchten Betrieben (= 35%) waren Abkalbestände vorhanden. Ihre Anzahl lag im allgemeinen bei 2 bis 9% der Kuhstände.

Für die Absatzkälber im Alter von 4 bis 6 Monaten sind etwa 65 bis 85% der Plätze der Tränkkälber vorzusehen.

Die zeitliche Verteilung der Abkalbezeiten wirkt sich in gewissem Umfang auch auf das durchschnittliche Minimum und Maximum beim Jungvieh aus. Die Schwankungen sind jedoch bereits geringer als bei den Kälbern. Jungvieh wird gegenwärtig im allgemeinen in Offenlaufställen gehalten, die gegen eine Unter-

oder Überbelegung besser gepuffert sind als Anbinde-Kuhställe oder Kälberställe mit Einzelboxen. Deswegen erscheint eine Berücksichtigung der durchschnittlichen Maximalwerte nicht unbedingt zwingend. Andererseits ist aber festzustellen, daß die Maximalwerte beim Jungvieh länger zu verzeichnen sind als bei den Tränkkälbern. Weil sich eine ungleichmäßige Futterversorgung nachteilig auf die Entwicklung der Tiere auswirkt, wird es für zweckmäßig erachtet, zumindest den Futterplatz so zu bemessen, daß nicht nur die durchschnittliche Anzahl, sondern etwa 20% mehr Tiere zu gleicher Zeit fressen können, ohne daß schwächere Tiere abgedrängt werden.

Gleiche Gesichtspunkte treffen auch für die Färsen über 2 Jahre zu; dabei ist zu berücksichtigen, daß die hochtragenden Färsen im allgemeinen mit bei den Kühen aufgestallt werden und dort die Plätze abgegangener Kühe einnehmen.

Die Bullenhaltung ist heute nicht mehr in allen Betrieben gleichmäßig vertreten, weil sich bereits der Einfluß der künstlichen Besamung geltend macht. Dennoch ließ sich aus den Aufzeichnungen etwa folgendes ableiten:

Es wurden gehalten bei einem Bestand

bis zu 60 Kühen	1 Bulle
von mehr als 60 bis 120 Kühen . .	2 Bullen
von mehr als 120 bis 180 Kühen . .	3 Bullen
von mehr als 180 Kühen	4 bis 5 Bullen.

Zugochsen sowie Schlacht- und Mastvieh sind heute im allgemeinen nur noch in geringem Umfang in den landwirtschaftlichen Betrieben vorhanden, so daß kein Fehler begangen wird, wenn sie bei der Bauplanung unberücksichtigt bleiben. Es werden sich bei ihrer kleinen Anzahl später immer Möglichkeiten für ihre Unterbringung finden lassen.

In den Betrieben wurden nicht nur der Umfang der Viehhaltung und ihre Aufgliederung untersucht, sondern auch die Ställe näher betrachtet. Über die Bergeräume ist bereits im Abschnitt C, IV, 1, Seite 52 bis 64 berichtet. Die Futtertennen waren im Durchschnitt aller Betriebe 1,2 m^2/Kuh groß. Sie dienten zur Lagerung des Grünfutters und zur Aufbereitung der Rüben. Besondere Rübenlagerräume am Stall bestanden nur in 3 Betrieben, eigene Kraftfutterlagerräume am Stall nur in 7 Betrieben. Milchwirtschaftsräume wiesen fast alle Betriebe auf, wenngleich sie in der Mehrzahl der Fälle auch unzureichend erscheinen. Im Untersuchungszeitraum war indessen in den untersuchten Betrieben das Bestreben festzustellen, die Milchwirtschaftsräume zu vergrößern und zu verbessern. Im Durchschnitt aller Betriebe wurden 44 m^2/100 Kuhplätze ausgemessen. Dabei zählen zu den Milchwirtschaftsräumen die Milchkühlräume, die Waschräume für das Milchgeschirr, der Motorenraum für die Melkmaschine und andere Nebenräume.

c) Deduktive Betrachtung

In den untersuchten Betrieben wurden im Mittel 40 Stück Rindvieh je 100 ha LN gehalten. Dabei nahmen die Kühe wegen des besonders hohen Jungviehanteils nur 39% vom gesamten Rindviehbestand ein. Das erscheint sehr gering, wenn die Kuhzahl nach MUNDE (61) 51 bis 60% aller Rinder ausmacht und die Zahlen berücksichtigt werden, die für die Deutsche Demokratische Republik (102, 106) gelten:

Jahr	Rindvieh insgesamt		darunter Kühe		
	in 1000 Stück	Stück je 100 ha LN	in 1000 Stück	% des gesamten Rindviehbestandes	Stück je 100 ha LN
1936	3604,6	55,6	1960,4	54,4	30,3
1946	2767,3	42,7	1368,5	49,5	21,1
1950	3614,7	55,8	1616,4	44,7	25,0
1953	3796,2	58,6	2018,7	53,2	31,2
1954	3793,4	58,6	2055,9	54,2	31,8
1955	3759,5	58,1	2100,1	55,7	32,4

Damit ist zugleich der höchstmögliche Durchschnittswert des relativen Rindvieh- und Kuhbesatzes abgegrenzt, der auch mit dem auf gesetzlicher Grundlage (103) festgelegten grundsätzlich übereinstimmt. In Landwirtschaftlichen Produktionsgenossenschaften kommt noch die Besonderheit hinzu, daß nicht der gesamte Viehbesatz im genossenschaftlichen Stall untergebracht, sondern daß ein Teil (1955 etwa 18% des gesamten Rindviehs, 28% der Kühe) individuell gehalten wird. 1955 hatten (106) im Durchschnitt je 100 ha LN: die VEG 15,8 Kühe bzw. 36,8 Stück Rindvieh, die LPG 17,5 Kühe bzw. 41,9 Stück Rindvieh in genossenschaftlichem Besitz. Im Prinzip trifft für jeden Großbetrieb die in Abb. 27 mitgeteilte Gesetzmäßigkeit zu, wonach die relative Kuhzahl und die relative Zahl der insgesamt gehaltenen Rinder mit zunehmender Betriebsgröße abnehmen. Beobachtungen bei neugegründeten Landwirtschaftlichen Produktionsgenossenschaften und Angaben über landwirtschaftliche Großbetriebe der Sowjetunion bestätigen dies. Außerdem geht das auch aus Tab. 6 hervor.

Den hohen Anteil des Jungviehes in den untersuchten Betrieben, der aus Gründen der Zucht- und Mastvieherzeugung zu erklären, jedoch nicht zu verallgemeinern ist, zeigt auch Tab. 7, die gleichzeitig angibt, mit welchem Kuh-Jungvieh-Verhältnis sonst gerechnet werden kann.

Der hohe Jungviehanteil ist in gewissem Sinne charakteristisch für landwirtschaftliche Großbetriebe, denn BLOHM (7) sagt dazu: „Ein so hoher Bestand an Jungvieh von etwa 90 bis 100% der Kühe findet sich fast immer in großbäuerlichen und Großbetrieben, während man im allgemeinen in der bäuerlichen Familienwirtschaft angesichts des engeren Verhältnisses zwischen Viehbestand und Futtergrundlage bestrebt ist, die Aufzucht auf das unentbehrliche Mindestmaß zu beschränken."

Diese Beschränkung erscheint auch aus futterwirtschaftlichen Gründen zweckmäßig, weil über die Milchviehhaltung eine wesentlich bessere Futterausnutzung möglich ist als durch Jungrindermast, was WOERMANN (96) im einzelnen mit Zahlen belegt.

TABELLE 6:

Rindviehbesatz in verschiedenen Betriebsgrößenklassen

a) Deutsche Demokratische Republik nach dem Statistischen Jahrbuch (106)

Je 100 ha LN	Privatbetriebe					LPG	VEG
	1—5 ha	5—10 ha	10—20 ha	20—50 ha	über 50 ha	genossen-schaftlich	
Kühe, Stück	53,5	41,6	39,9	33,5	27,4	17,5	15,8
Gesamtes Rindvieh, Stück	75,9	68,7	71,6	66,3	58,0	41,9	36,8
GV-Rind	65,8	57,6	58,5	53,9	47,1	30,1	28,0

b) Deutsche Bundesrepublik nach PRIEBE (71)

Viehart	In der Betriebsgrößenklasse von . . ha LN wurden gehalten								
	bis 2	2—5	5—10	10—20	20—30	30—50	50—100	100—200	über 200
	In Stück je 100 ha LN								
Kühe	51,1	62,2	46,2	36,1	31,8	28,7	24,4	19,9	17,4
davon Arbeitskühe	33,8	47,0	21,1	3,5	0,6	0,2	0,1	0,0	0,0
Jungrinder	12,5	31,8	38,7	41,7	43,4	42,3	34,7	22,9	19,5
Sonstige Rinder	0,9	2,8	6,3	5,2	4,2	3,6	3,4	2,6	1,7
Gesamtes Rindvieh	64,5	96,8	91,2	83,0	79,4	74,6	62,5	45,4	38,6
	In GV je 100 ha LN								
Kühe	51,1	62,2	46,2	36,1	31,8	28,7	24,4	19,9	17,4
Jungrinder	7,5	18,8	22,7	24,4	25,6	25,4	21,4	14,3	12,5
Sonstige Rinder	0,9	2,8	6,3	5,2	4,2	3,6	3,4	2,6	1,7
Gesamtes Rindvieh	59,5	83,8	75,2	65,7	61,6	57,7	49,2	36,8	31,6

TABELLE 7:

Auf 100 Kühe wurden im Durchschnitt gehalten (Stück)

Altersklasse	Untersuchte Betriebe	Deutschland 1936 nach (101)	Deutsche Demokratische Republik nach (102) und (106)						Rechnerisch zur Ergänzung der eigenen Herde bei einem Umtrieb von			
			1936	1946	1950	1953	1954	1955	4 Jahren	6 Jahren	8 Jahren	10 Jahren
Kälber bis 3 Monate	27	15	•	•	•	•	•	12	10	8	6	4
Jungvieh bis 1 Jahr	49	•	•	•	•	•	•	24	28	20	17	14
Jungvieh bis 2 Jahre	47	•	•	•	•	•	•	26	27	18	15	12
Jungvieh insgesamt	96	57	•	•	•	•	•	50	55	38	32	26
Färsen über 2 Jahre	26	•	•	•	•	•	•	13	25	17	13	10
Sonstige Rinder	6	6	•	•	•	•	•	4	5	5	5	5
Rinder insgesamt	155	78	84	102	124	88	85	79	95	68	56	45
Anteil der Kühe am gesamten Rinderbestand in %	39	56	54	50	45	53	54	56	51	60	64	69

Zu diesen futterwirtschaftlichen Gründen kommen noch die betriebswirtschaftlichen, auf die NEHLER (62) neuerdings wieder hingewiesen hat. Nach seinen Mitteilungen gibt eine Kuh

in der 1. Laktationsperiode	=	70%	der Höchstleistung
„ „ 2. „	=	75%	„ „
„ „ 3. „	=	83%	„ „
„ „ 4. „	=	91%	„ „
„ „ 5. „	=	100%	„ „
„ „ 6. „	=	100%	„ „
„ „ 7. „	=	92%	„ „
„ „ 8. „	=	87%	„ „
„ „ 9. „	=	85%	„ „
„ „ 10. „	=	83%	„ „

NEHLER hält deshalb für Kühe einen 6jährigen, bei 4500 kg Jahresleistung einen 8jährigen, bei 5500 kg einen 10jährigen Umtrieb für notwendig und zweckmäßig. Das hat nicht allein züchterische Vorteile, sondern wirkt sich, wie aus Tab. 7 hervorgeht, auch senkend auf den notwendigen Stallraumbedarf aus. Je länger die Kühe genutzt werden können und je höher ihre Milchleistung ist, desto weniger Stallraum wird bei derselben Flächeneinheit benötigt, und um so günstiger wirkt sich dies auf den betriebswirtschaftlichen Gesamterfolg aus.

Tab. 7 verdeutlicht, daß in den untersuchten Betrieben außergewöhnlich viel Jungvieh gehalten wird, so daß sich diese Verhältnisse nicht verallgemeinern lassen. Die Bauplanung kann damit rechnen, daß Jungvieh im Normalfall nur zur Ergänzung der eigenen Kuhherde aufgezogen wird. Wegen der besseren Verwertung des Futters durch die Milchkühe wird sich die Aufzucht der Jungrinder zum Verkauf als Zuchttier oder als Masttier nur auf besondere Ausnahmefälle beschränken, wofür dann spezielle Berechnungen für die Bauplanung notwendig werden.

Über die Mindestzahl zu haltender Bullen führt LENSCH (51) aus, daß je Jungbulle 40 bis 70, je älterer Bulle 70–100 Kühe zu rechnen sind, was im Prinzip mit den Feststellungen in den untersuchten Betrieben (etwa 60 Kühe je Bulle) übereinstimmt.

Für die Kuhställe sehen die neueren Entwurfsnormen der Deutschen Bauakademie vor:

Futtertenne	0,75 bis 1 m² je Kuh
Rübenlager	0,75 bis 1 m² je Kuh
Kraftfutterlager	0,1 m² je Kuh
Milchwirtschaftsräume (im Mittel) . .	1 m² je Kuh.

Nach MEHLER (53) können dabei auf 1 m² Nettofläche des Milchbehandlungsraumes (ausschließlich Verkehrsraum) folgende Milchmengen gelagert werden:

bei Kannenlagerung (20-Liter-Kannen) = etwa 120 Liter,

bei Tanklagerung (300 bis 500 Liter-Tanks) = etwa 300 bis 500 Liter.

Bei durchschnittlichen Tagesmilchleistungen von 15 bis 20 l je Kuh und Tag muß der Milchbehandlungsraum einschließlich Verkehrsraum und Kühler unter Berücksichtigung des Kannenkühlbeckens folgende Größe haben:

für	30 Kühe	7 bis	8 m²
,,	60 ,,	11 ,,	12 m²
,,	90 ,,	14 ,,	15 m²
,,	120 ,,	18 ,,	22 m²
,,	180 ,,	24 ,,	30 m².

Der Vergleich dieser bei der Typenprojektierung bewährten Entwurfsnormen mit den in den untersuchten Betrieben gefundenen Werten zeigt, daß in der Praxis zu wenig Futterlagerräume und zu kleine Milchwirtschaftsräume vorhanden sind.

d) Schlußfolgerung

Die Untersuchungen der Rindviehställe führten zu folgenden Ergebnissen:

1. Der relative Viehbesatz nimmt in landwirtschaftlichen Großbetrieben mit zunehmender Betriebsgröße ab. Die Betriebsgröße hat einen stärkeren Einfluß auf die Höhe des Viehbesatzes als die natürliche Futtererzeugungsgrundlage und das vorhandene Stallraumvolumen, obwohl auch deren Einflüsse zu bemerken sind.

2. Im Mittel aller untersuchten Betriebe wurden nur 16 Kühe je 100 ha LN gehalten. Der höchste für Großbetriebe zu erwartende Wert dürfte im Untersuchungsgebiet bei etwa 30 Kühen je 100 ha LN liegen. Im allgemeinen wird es richtig sein, den Berechnungen für die Bauplanung die Zahl von 20 bis 25 Kühen je 100 ha LN zugrunde zu legen.
   Der durchschnittliche Kuhbestand unterliegt Schwankungen bis zu $\pm 8\%$ des Mittelwertes.

3. Die Milchproduktion ist wirtschaftlich günstiger als die Jungbullenmast. Deswegen ist bei der Planung in erster Linie davon auszugehen, daß Jungvieh nur zur Ergänzung der eigenen Herde aufgezogen wird, obwohl in Großbetrieben der Jungviehanteil allgemein höher liegt als in bäuerlichen Betrieben. Auf 100 Kuhplätze sind je nach Betriebsart und unter Berücksichtigung eines Umtriebes von 4 bis 6 Jahren zur Ergänzung der Herde durch eigene Nachzucht und im Hinblick auf die zeitliche Zusammendrängung in einzelnen Monaten vorzusehen:

Abkalbestände	5 bis höchstens 8
Tränkkälberbuchten (für Tiere bis 3 Monate)	10 ,, 15
Absatzkälberplätze (für Tiere von 4 bis 6 Monaten)	8 ,, 12
Jungviehplätze (für Tiere von 1/2 bis 1 Jahr)	12 ,, 18
Jungviehplätze (für Tiere von 1 bis 2 Jahren)	20 ,, 30
Färsenplätze	18 ,, 25
Bullenplätze = auf etwa 60 bis 70 Kühe	1

4. Der Stallraumbedarf ist um so geringer und der betriebswirtschaftliche Gesamterfolg um so höher, je länger die Kühe genutzt werden können (mindestens 6 bis 8 Laktationen) und je größer der Milchertrag ist.

5. Für die Stallplanung werden folgende Werte für zweckmäßig gehalten:

Futtertenne	0,75 bis 1	m^2 je Kuh
Rübenlagerraum	0,75 bis 1	m^2 je Kuh
Kraftfutterlagerraum	0,1	m^2 je Kuh
Milchwirtschaftsräume (im Mittel) . .	1	m^2 je Kuh
davon Milchbehandlungsraum für 30 Kühe	= 7 bis 8 m^2	
„ 60 „	= 11 „ 12 m^2	
„ 90 „	= 14 „ 15 m^2	
„ 120 „	= 18 „ 22 m^2	
„ 180 „	= 24 „ 30 m^2.	

2. Schweineställe

a) Allgemeines

Wesentlich geringere betriebswirtschaftliche Bindung als die Rindviehhaltung hat die Schweinehaltung. Das ist vor allem darauf zurückzuführen, daß das Schwein — besonders während der Mast — Futterstoffe mit hoher Nährstoffkonzentration benötigt. Meist können diese Futterstoffe auch direkt der menschlichen Ernährung dienen. Je nach den wirtschaftlichen Verhältnissen läßt sich daher die Schweinehaltung schnell ausdehnen und ebenso schnell wieder einschränken. Sehr deutlich zeigt dies die Entwicklung des Schweinebestandes in der Deutschen Demokratischen Republik (102, 106):

Jahr	Schweine in 1000 Stück	Relativwert
1936	6189,5	100
1938	5706,9	92
1946	1968,7	32
1950	5704,8	92
1951	7088,3	115
1952	9099,9	147
1953	8208,1	133
1954	8367,1	135
1955	9029,3	146
1956	8325,6	135

Die Möglichkeit schneller Ausdehnung der Schweinehaltung wird durch die Frühreife, die rasche Vermehrungsfähigkeit und die Schnellwüchsigkeit unserer Schweinerassen begünstigt.

Die hohe Nährstoffkonzentration der Schweinefuttermittel begünstigt deren Transportfähigkeit, so daß die Schweine auch unabhängig von der wirtschaftseigenen Futtererzeugungsgrundlage gehalten werden können.

Diese hohe Elastizität der Schweinehaltung, die unter den Nutztieren höchstens noch von der ebenfalls größtenteils marktfähige Futterstoffe verwertenden Geflügelhaltung erreicht wird, begünstigt zwar das Ausnutzen der entsprechenden wirtschaftlichen Verhältnisse, erschwert aber andererseits sehr die Bauplanung.

Die Schweinehaltung in den untersuchten Betrieben lag auf der Grenze zwischen Landwirtschaft und Gewerbe. Der Mehrzahl der Betriebe, die früher nur in geringem Umfang Schweinezucht und -mast betrieben hatten, war eine größere Schweinemastanlage angegliedert worden. In den VEG stieg die relative Schweinehaltung (Stück je 100 ha LN) nach Angaben des Statistischen Jahrbuches (106) folgendermaßen:

1950 = 54 1951 = 68 1952 = 133 1953 = 239 1954 = 190 1955 = 215

Diese starke Erhöhung der Schweinebestände war mit einer Vergrößerung der Stallkapazität durch Neubauten verbunden. Unregelmäßigkeiten in der Jungschweineversorgung und Seuchen führten vereinzelt zu größeren Schwankungen im Schweinebesatz. Andererseits war auch der Anteil der Zucht und der Mast am gesamten Bestand sehr unterschiedlich.
Irgendwelche Einflüsse der Betriebsgröße, des Betriebstyps oder des Standortes ließen sich in den untersuchten Betrieben nicht klar erkennen, so daß es nicht möglich ist, daraus Angaben für die Bauplanung herzuleiten. Vielmehr haben die Untersuchungsergebnisse nur die Erkenntnisse aus der allgemeinen landwirtschaftlichen Betriebslehre bestätigt.

b) Induktive Betrachtung

Für die Auswertung konnten nur 38 Betriebe berücksichtigt werden, weil zwei so von Seuchen betroffen waren, daß sie ihren Schweinebestand im Untersuchungszeitraum dezimieren und neu aufbauen mußten. In den 38 Betrieben, die 23160 ha bewirtschafteten, wurden im Durchschnitt 47355 Schweine gehalten. Das sind im Mittel 204 Schweine je 100 ha LN. Dieser Wert ist aber einer sehr starken Streuung unterworfen. Der Variationskoeffizient beträgt 66% des Mittelwertes. Am häufigsten wurden in den untersuchten Betrieben 131 bis 140 Schweine je 100 ha LN angetroffen. Mehr als 300 Schweine je 100 ha LN hatten nur 9 (= 24%) der untersuchten Betriebe.
Weil die Vermutung nahe lag, daß mit zunehmender Zahl von Schweinen je Flächeneinheit der Anteil der Mastschweine am Gesamtbestand steigt, wurde auch dieser Fragenkomplex untersucht. Eine nähere Betrachtung ergab indessen hier keine eindeutigen Beziehungen, obgleich gewisse Anzeichen dafür vorlagen.
Der Schweinebestand in den untersuchten Betrieben gliedert sich folgendermaßen auf, wobei die Durchschnittswerte berücksichtigt werden:

Tierart	Stück	Relativwert		Im Mittel Stück je 100 ha LN	s%
		%	s%		
Ferkel	11941	25,2	60,9	×	×
Zuchtsauen	3286	6,9	56,5	14	69,5
Jungsauen	1204	2,6	110,0	×	×
Eber	143	0,3	75,5	×	×
Jungeber	207	0,4	×	×	×
Zuchtschweine insgesamt	16781	35,4	52,5	×	×

Tierart	Stück	Relativwert		Im Mittel Stück je 100 ha LN	s%
		%	s%		
Jungschweine	14696	31,1	61,0	×	×
Mastschweine	15878	33,5	73,0	×	×
Mastschweine insgesamt . . .	30574	64,6	26,1	×	×
Schweine insgesamt	47355	100,0	×	204	66

Die vorstehende Übersicht verdeutlicht durch die sehr hohen Variationskoeffizienten, daß die Unterteilung des Schweinebestandes sehr uneinheitlich ist und von Betrieb zu Betrieb großen Schwankungen unterliegt, wofür sich keine besonderen Gründe finden ließen.

Weder das Verhältnis Sauen : Jungsauen noch die Zahl der je 100 ha LN gehaltenen Sauen war einheitlich. Die Zahl der gehaltenen Jungsauen und Jungeber war je nachdem, ob in den Betrieben günstige Voraussetzungen für die Schweinezucht bestanden oder nicht, sehr unterschiedlich, so daß sich keine allgemeingültigen Angaben machen lassen. Darin ist kein besonderer Nachteil zu erblicken, weil gerade Jungsauen und Jungeber sehr geringe Ansprüche an ihre Unterkunft stellen: sie können auch in Hütten gehalten werden.

Die Zahl der je 100 ha LN gehaltenen Sauen beträgt zwar im Mittel 14, doch kommen Extremwerte von 2 bzw. 41 Sauen je 100 ha LN vor. Dabei wiesen allerdings nur 7 von 38 untersuchten Betrieben (= 18%) mehr als 20 Sauen je 100 ha LN auf (siehe Abb. 30). Im allgemeinen wurden nicht mehr als 200 Sauen in einem Betrieb gehalten, das Maximum lag bei 278 Zuchtsauen.

Die Zahl der Ferkel je Sau betrug im Durchschnitt aller Betriebe 3,6 (s% = 34), so daß also mit 14 bis 15 Ferkeln je Sau und Jahr gerechnet werden kann, weil als Ferkel nur Tiere bis zu 3 Monaten gewertet wurden.

In den Betrieben waren 3286 Zuchtsauen und 143 Eber vorhanden, im Mittel je Eber 23 Zuchtsauen (s% = 50). Wie aus Abb. 31 hervorgeht, liegt dieser Wert auch im Bereich der größten Häufigkeit.

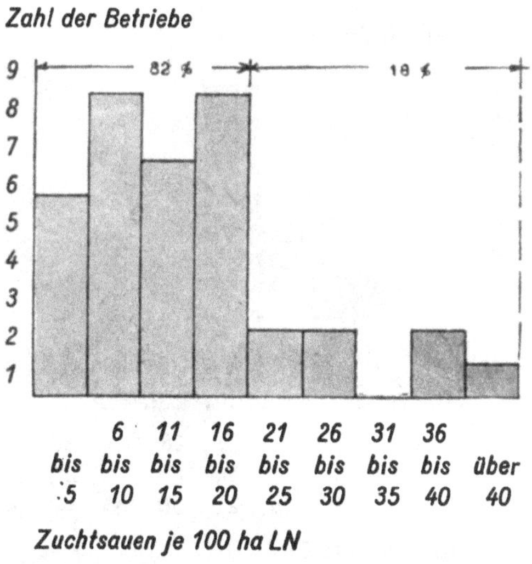

Abb. 30. Häufigkeit der Sauenzahl je 100 ha LN

Wie beim Rindvieh wurden auch für die Schweine die Schwankungen in den einzelnen Altersklassen während des Jahresablaufes errechnet; sie sind in der folgenden Übersicht aufgeführt:

Altersklasse der Tiere	Zahl der untersuchten Betriebe	Anzahl der Tiere	Durchschnittliches Minimum		Durchschnittliches Maximum		Schlußfolgerung: Schwankungen % des Mittelwertes
			% des Mittelwertes	s%	% des Mittelwertes	s%	
Zuchtsauen	26	2636	78	24	122	20	± 22
Ferkel	25	8728	59	42	157	32	± 50
Jungsauen	22	871	47	61	182	38	± 68
Eber	relativ konstant, eventuell 1 bis 2 Tiere mehr oder weniger						
Jungeber	nicht auswertbar, zu unregelmäßig						
Jungschweine (3 bis 6 Monate)	29	13079	54	44	158	23	± 52
Mastschweine (über 6 Monate)	31	14562	58	48	145	22	± 44
Schweine insgesamt . .	33	42101	74	26	132	23	± 29

Die Differenz zwischen den in der Übersicht Seite 98/99 und in vorstehender Übersicht aufgeführten Werten ist dadurch zu erklären, daß die monatlichen Angaben, auf denen die Berechnung der Schwankungen basiert, nicht in allen Betrieben gleichmäßig zur Verfügung standen.

Bei den Jung- und Mastschweinen ist zwar eine relativ große Schwankung zu verzeichnen. Sie muß jedoch nicht unbedingt bei der Bauplanung berücksichtigt werden, weil die Gruppe der Jungschweine in die der Mastschweine übergeht, so daß sich dadurch die Schwankungen wieder etwas ausgleichen. Das erscheint verständlich, wenn beachtet wird, daß die Schwankungen in der Höhe des gesamten Schweinebestandes geringer sind als die der einzelnen Altersklassen. Andererseits gleichen sich die zahlenmäßigen Unterschiede in den einzelnen Monaten durch die unterschiedlichen Lebendgewichte der einzelnen Tiere in hohem Maße wieder aus. Es ist

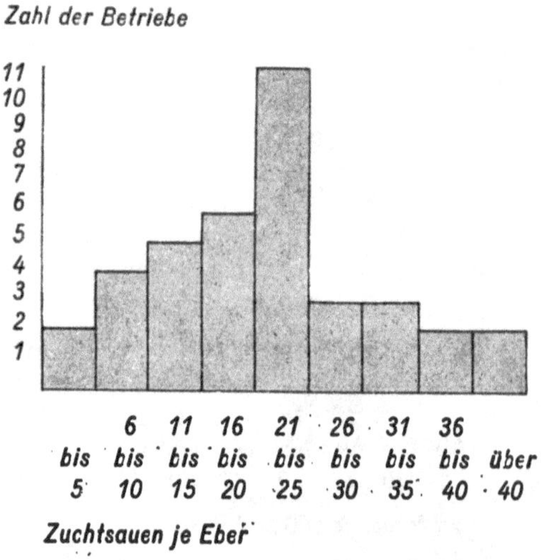

Abb. 31. Häufigkeit der Sauenzahl je Eber

also gerechtfertigt, nur mit den Durchschnittswerten zu rechnen, wenn je Mastplatz eine Troglänge von 0,35 bis 0,40 m und eine Liegefläche von 0,75 bis 1 m^2 zur Verfügung stehen.

In diesem Zusammenhang interessierte noch das Verhältnis von durchschnittlich gehaltenen Mastschweinen zu vorhandenen Mastplätzen, die nach den eben genannten Maßen ermittelt worden waren. Für die insgesamt vorhandenen 30574 Mastschweine (s. S. 99) standen 38317 Schweinemastplätze und 5075 Läuferplätze, also zusammen 43392 Schweineplätze zur Verfügung. Das bedeutet somit, daß im Mittel etwa 30% aller Plätze nicht benutzt wurden. Eine reichliche Bemessung des Schweinestallraumes ermöglicht es, die einzelnen Stallräume zwischen zwei Mastabschnitten einige Zeit leer stehen zu lassen, wie das in den untersuchten Betrieben praktisch durchgeführt wurde. Nach dem von SCHILLER und DEDIÉ (79) erprobten Verfahren der Großentseuchung von Schweineställen mit Chlorgas ist es indessen möglich, die Ställe bereits nach 48 Stunden neu zu belegen. Die relativ geringe Ausnutzung der Schweineställe in den untersuchten Betrieben beruhte auf Unregelmäßigkeiten in der Versorgung mit Jungschweinen und war zum Teil die Folge von Seuchen.

Von größerer Bedeutung als für Mastschweine sind die Schwankungen bei der Bemessung des Stallraumes für Zuchtschweine. Die Schwankungen in der Zahl der Zuchtsauen wirken sich dabei auf die Bemessung des Stallraumes nicht in dem Maße aus wie die Schwankungen bei der Ferkelzahl. Zuchtsauen müssen zwei Stallarten haben. Die eine Stallform (Sammelbuchten) benutzen sie in der ersten Zeit der Trächtigkeit. Die andere Form bilden die Abferkelbuchten. Ihre Zahl richtet sich nach der Zahl der insgesamt gehaltenen Zuchtsauen und nach der zeitlichen Verteilung des Abferkelns. Wenn die Abferkeltermine gleichmäßig über das gesamte Jahr verteilt sind, dann werden (unter Berücksichtigung der Annahme, daß jede Sau im Jahr zweimal abferkelt) für 100 Zuchtsauen nur 50 bis 60 Abferkelbuchten benötigt. Ein Wurf beansprucht eine Bucht etwa 3 bis 4 Monate. Die Übersicht auf Seite 100 läßt jedoch erkennen, daß beim Ferkelanfall mit einem durchschnittlichen Maximum von 157% des Mittelwertes zu rechnen ist. Abb. 32 zeigt zudem noch, daß in 68% der untersuchten Fälle das Maximum im Bereich zwischen 100 und 160% des Mittelwertes liegt. Weil somit in keinem der untersuchten Betriebe gleichmäßige Abferkeltermine festzustellen wären,

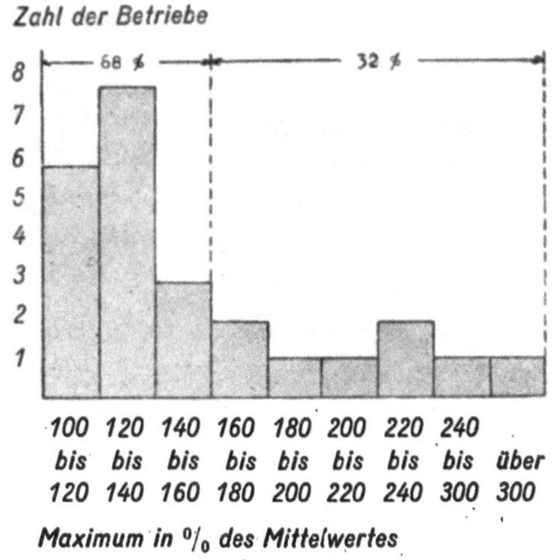

Abb. 32. Häufigkeit des Maximums der Ferkelzahl

muß die Bauplanung berücksichtigen, daß die Zahl der Abferkelbuchten zwischen 50 und 70% der Zahl gehaltener Zuchtsauen liegt. Ein noch höherer Wert ist betriebswirtschaftlich kaum zu verantworten, weil dadurch die notwendige Stallkapazität unnötig vergrößert wird und im Hinblick auf eine kontinuierliche Fleischversorgung kontinuierliche Abferkeltermine zweckmäßiger sind als eine konzentrierte Abferkelperiode.

In diesem Zusammenhang wurde bei 23 Betrieben untersucht, in welchem Verhältnis die Zahl der Abferkelbuchten zur Zahl der durchschnittlich und der maximal vorhandenen Zuchtsauen steht. (Die übrigen 17 Betriebe konnten für die Berechnung nicht herangezogen werden, weil entweder die Zucht eine untergeordnete Rolle spielte oder weil Zuchtsauenzahl und Zahl der Abferkelbuchten noch nicht richtig aufeinander abgestimmt waren; die Schweinezucht befand sich in diesen Betrieben erst im Aufbau.)

In den untersuchten 23 Betrieben wurden im Mittel 2430 Zuchtsauen gehalten, für die 1366 Abferkelbuchten zur Verfügung standen. Im Mittel sind das also 56 Abferkelbuchten ($s\% = 19{,}4$) für 100 gehaltene Zuchtsauen. Wird die Maximalzahl der gehaltenen Sauen berücksichtigt, so zeigt sich, daß immer noch auf 100 gehaltene Zuchtsauen 51 Abferkelbuchten entfallen.

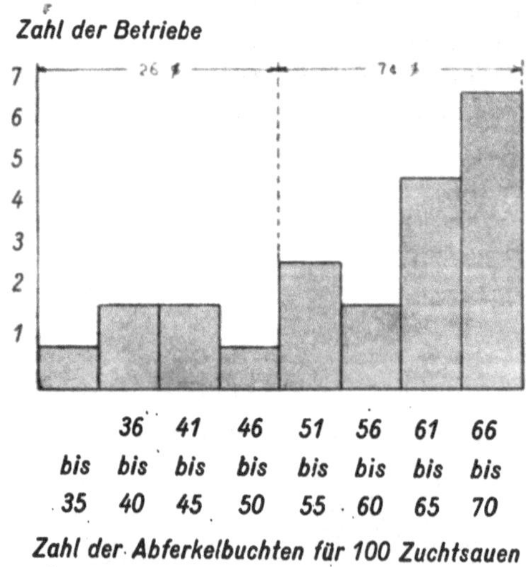

Abb. 33. Häufigkeit der Zahl der Abferkelbuchten für je 100 durchschnittlich gehaltene Zuchtsauen

Abb. 33 veranschaulicht überdies, daß 74% der untersuchten Betriebe mehr als 50 Abferkelbuchten für 100 durchschnittlich gehaltene Zuchtsauen besaßen. Mehr als 70% Abferkelbuchten standen in keinem Betrieb zur Verfügung. Auch das ist wiederum ein Hinweis, daß die Bauplanung für 100 Zuchtsauen etwa 50 bis 70 Abferkelbuchten vorsehen soll.

c) Deduktive Betrachtung

Die geringe betriebswirtschaftliche Bindung der Schweinehaltung erschwert eine deduktive Betrachtung. Viel schwieriger als bei der Rindviehhaltung läßt sich daher der Stallraumbedarf errechnen. Es können nur gewisse Anhaltswerte angeführt werden.

Die induktive Betrachtung ergab, daß die größte Häufigkeit im relativen Schweinebesatz in der Gruppe zwischen 100 und 200 Schweinen und dabei wieder im Bereich 131 bis 140 Schweine je 100 ha LN zu verzeichnen ist. Das stimmt mit dem durchschnittlichen Schweinebesatz der Deutschen Demokratischen Republik überein. Bei einer landwirtschaftlichen Nutzfläche von 6,476 Millionen Hektar waren 1955 insgesamt 9,0293 Millionen Schweine vorhanden, im Mittel also 140 Schweine je 100 ha LN.

Die Verteilung der Schweine auf die einzelnen Altersklassen in den untersuchten Betrieben stimmt sehr gut mit dem DDR-Durchschnitt überein, der sich nach den Angaben des Statistischen Jahrbuches (106) errechnen läßt.

Tierart	Untersuchte Betriebe	DDR 1955
Ferkel	25,2	27,4
Zuchtsauen	6,9	6,1
Jungsauen	2,6	1,6
Eber	0,3	0,2
Jungeber	0,4	0,1
Zuchtschweine insgesamt	35,4	35,4
Jungschweine	31,3	29,8
Mastschweine	33,5	34,8
Mastschweine insgesamt	64,6	64,6
Schweine insgesamt	100,0	100,0

Nach den Angaben des Statistischen Jahrbuches (106) wurden 1955 in den verschiedenen Betriebsgrößenklassen folgende Schweine je 100 ha LN gehalten:

bis 1 ha	159
1 „ 5 ha	147
5 „ 10 ha	145
10 „ 20 ha	135
20 „ 50 ha	117
über 50 ha	104
LPG, genossenschaftlich	100
VEG	215

Die von MÜNDE (61) mitgeteilte Feststellung, daß der Besatz an Schweinen im allgemeinen mit sinkender Betriebsgröße ansteigt, so daß in den Betrieben bis 20 ha in Deutschland rund 75% aller Schweine gehalten und die Märkte zu 86% aus den bäuerlichen Betrieben bis 50 ha Größe versorgt werden, trifft somit unter den in der Deutschen Demokratischen Republik vorherrschenden Verhältnissen nicht mehr völlig zu; sie kann darum nur wenig Anhaltspunkte für die Bauplanung bieten.

BLOHM (7) teilt lediglich den Schweinebesatz je 100 ha Kartoffelland verschiedener Betriebsgrößen im ehemaligen Pommern (1934) mit:

Betriebsgröße ha	Schweine Stück
5 bis 20	842
21 bis 100	741
über 100	260

Auch aus diesen Angaben lassen sich keine Schlüsse für die Bauplanung ziehen, weil in der Deutschen Demokratischen Republik auch Getreidemast für Schweine gebräuchlich ist.
Im übrigen rechnet BLOHM mit 14 bis 16 Ferkeln je Sau und Jahr also mit Werten, die auch in den untersuchten Betrieben vorgefunden wurden. Mit unseren Werten stimmt auch überein, wenn BLOHM (10) schreibt: „Die eigene Eberhaltung ist nur wirtschaftlich, wenn mindestens 15 bis 20 Sauen gehalten werden."
Von besonderem Interesse sind in diesem Zusammenhang noch sowjetische Angaben. SCHELEST (78) berichtet über die Entwicklung der Viehwirtschaft im Kolchos „Morgenrot". Dort waren

1945 = 13,5 GV/100 ha AL
1948 = 19,5 GV/100 ha AL
1949 = 28 GV/100 ha AL

vorhanden. Auf 934 ha AL wurden 375 Schweine (40 Schweine/100 ha AL), darunter 48 Sauen (5 Sauen/100 ha AL) gehalten. Die Zuchtsauen bilden somit 13% des gesamten Schweinebestandes, in den untersuchten Betrieben waren es nur 7%.

Nach KUSNEZ (49) hält der Molotow-Kolchos je 100 ha AL 25 Schweine.

Für die Sowjetwirtschaften mit einer Bodenfläche von mehr als 67 Millionen Hektar und einer Anbaufläche von 13,1 Millionen Hektar gibt ANISSIMOW (2) an, daß 1937 insgesamt 2,9 Millionen Schweine (22 Schweine je 100 ha AL) vorhanden waren. Bis 1950 war eine Steigerung um 28%, also auf 28 Schweine je 100 ha AL vorgesehen.
SCHAPIRO (77) berichtet von besonderen Schweinezuchtsowchosen: „Das prozentuale Übergewicht der Sauen im Gesamtbestand, das man in der ersten Zeit in den Sowchosen feststellen konnte, wurde gesenkt und die Zahl der Jungschweine in der Herde erhöht. Am 1. Januar 1932 wurden in den Sowchosen 36,3% Sauen gezählt, am 1. Januar 1947 dagegen nur 10,8%." „Die Größe der Farm richtet sich nach der Anzahl der Stammsauen, in den meisten Sowchosen beträgt deren Zahl 100 bis 200 Stück." „Der gesamte zur Mast bestimmte Bestand wird in besonderen Mastfarmen gehalten." Gewöhnlich sind dort 1000 bis 3000 Schweine vorhanden. 1938 wurde mit 1,56 Würfen je Sau und Jahr sowie mit 7,4 aufgezogenen Ferkeln je Wurf gerechnet.
Die aus Westdeutschland und aus der Sowjetunion mitgeteilten Werte sollten vor Augen führen, daß sich die unter anderen agrarwirtschaftlichen Bedingungen gültigen Werte des Schweinebesatzes nicht ohne weiteres auf unsere Verhältnisse übertragen lassen.

d) Schlußfolgerung

Die geringe betriebswirtschaftliche Bindung der Schweinehaltung erschwert die Bauplanung. Ihr können daher keine betriebswirtschaftlich genau begründeten Werte zugrunde gelegt werden.

Der Stallraumbedarf ist jeweils entsprechend den örtlichen Bedingungen unter Berücksichtigung des Futteraufkommens festzulegen, die auch die Betriebsform bestimmen, ob Schweinezucht oder Schweinemast oder beides betrieben werden soll. Allgemeingültige Richtlinien gibt es hierfür nicht.
Im einzelnen vermögen aber die Untersuchungsergebnisse einige Hinweise zu vermitteln.
In der Deutschen Demokratischen Republik ist der Schweinebesatz sehr hoch. 1955 betrug er im Mittel 140 Schweine/100 ha LN. Entsprechend der größten Häufigkeit in den untersuchten Betrieben liegt es nahe, überschläglich mit diesem Wert zu rechnen.
Die Zahl der gehaltenen Mastschweine unterliegt zwar größeren Schwankungen im Jahr; sie können jedoch bei der Bauplanung unberücksichtigt bleiben, weil ein gewisser Ausgleich durch die unterschiedlichen Lebendgewichte der einzelnen Tiere während der Mast möglich ist.
Weiterhin konnte ermittelt werden, daß sich die Abferkelzeiten in allen untersuchten Betrieben ungleichmäßig über das Jahr verteilen, so daß es zweckmäßig erscheint, 50 bis 70 Abferkelbuchten je 100 gehaltene Zuchtsauen vorzusehen. Mehr als 200 Zuchtsauen wurden im allgemeinen in einem Betrieb nicht gehalten. Für 20 bis 25 Zuchtsauenplätze ist ein Zuchteberplatz erforderlich.

3. Schafställe

a) Allgemeines

Schafe sollen dem Rind nicht konkurrieren, sondern vornehmlich das absolute Schaffutter nutzen, das sonst keine Verwertung im landwirtschaftlichen Betrieb findet. MUNDE (61) sagt dazu: „Wo aber das Schaf im wesentlichen von absolutem Futter ernährt werden kann, ist es nicht Konkurrent des Rindviehes, sondern wertvolle Ergänzung. Schafe zu halten, ist heute weniger eine Frage des Futters als eine der Organisation und vielleicht noch der Größe des Betriebes, denn Schafe können meist nur in Herden gehalten werden.“
Die Mindestgröße einer Schafherde wird durch die Arbeitsleistung des Schäfers bestimmt. Ein Schäfer vermag eine Herde von 140 bis 170 Muttern mit Nachzucht zu betreuen. MUNDE (61) erwähnt noch: „Vor dem Kriege befanden sich rund 60% aller Schafe in Deutschland – besonders in Mittel- und Ostdeutschland – in Gutsschäfereien. Die bäuerliche Schafhaltung, vornehmlich in Nordwestdeutschland, umfaßte 24% aller Schafe, 12% waren in den sog. Wanderschäfereien – hauptsächlich in Süd- und Südwestdeutschland – vertreten und 6 bis 8% in Einzelschafhaltungen.“
Schafhaltung war auch in den untersuchten Großbetrieben anzutreffen. Die Auswertung geschah wie bei den übrigen Tierarten.

b) Induktive Betrachtung

Schafe wurden in 30 von 40 untersuchten Betrieben gehalten. Die 10 Betriebe ohne Schafe lagen entweder in der Betriebsgrößengruppe unter 200 ha LN, oder die Schafhaltung unterblieb, weil keine entsprechenden Stallungen vorhanden waren oder aus anderen nicht näher zu klärenden Gründen.

Die Schafherden hatten eine Mindestgröße von 100 Mutterschafen mit Nachzucht oder mindestens 200 Schafen insgesamt. Mit zunehmender Betriebsgröße nahmen die Schafherden an Umfang zu. Die größte Herde umfaßte 700 Mutterschafe und insgesamt 1850 Schafe. Die 30 Betriebe mit zusammen 22625 Schafen bewirtschafteten 20620 ha LN, so daß im Mittel 110 Schafe/100 ha LN ($s\%$ = 27,7) vorhanden waren.

Das Schaf ist gleich dem Rind ein Rauhfutterverzehrer. Somit ist es an sich denkbar, daß durch Schafhaltung der Umfang der Rindviehhaltung vermindert wird. Eine nähere Untersuchung ergab indessen, daß hier keine Gesetzmäßigkeit vorliegt. Ebenso konnte festgestellt werden, daß weder der Betriebstyp noch der Standort des Betriebes den Umfang der Schafhaltung beeinflußt. Andererseits nahm die relative Schafzahl (Schafe je 100 ha LN) nicht mit zunehmender Betriebsgröße ab, sondern blieb verhältnismäßig konstant, sofern nicht andere Verhältnisse den Umfang der Schafhaltung beeinflußten.

Umfang und Zusammensetzung des Schafbestandes in den untersuchten Betrieben zeigt folgende Übersicht:

	Zahl der Tiere	Relativzahl		Auf 100 Mutterschafe sind vorhanden
		%	$s\%$	
Mutterschafe	8952	40	21	×
Lämmer	7530	33	28	85
Böcke	189	1	×	2
Jungböcke	188	1	×	2
Sonstige Schafe (Merz- und Mastschafe, Hammel u. Zibben)	5766	25	56	65
Schafe insgesamt	22625	100	×	154 ($s\%$ = 21)

Eine Herde mit 100 Mutterschafen hat danach insgesamt etwa 250 Schafe.

Von Interesse war in diesem Zusammenhang wiederum, zu erfahren, welchen Schwankungen die Schafbestände im Jahresablauf unterworfen sind. Die Ergebnisse dieser Untersuchungen sind in folgender Übersicht zusammengestellt.

Schafe	Durchschnittliches Minimum		Durchschnittliches Maximum		Schlußfolgerung: Schwankungen % des Mittelwertes
	% des Mittelwertes	$s\%$	% des Mittelwertes	$s\%$	
Mutterschafe	92	5	109	5	± 9
Lämmer	72	22	126	16	± 27
Schafböcke	79	24	112	15	± 16
Hammel und Zibben	73	28	144	37	± 36
Schafe insgesamt	86	10	114	11	± 14

Die Zahl der Mutterschafe ist in den untersuchten Betrieben relativ konstant, während in den anderen Schafgruppen größere Schwankungen zu verzeichnen sind. Insgesamt treffen aber diese Schwankungen im Jahresablauf die ganze Schafherde nicht in dem Maße, daß sie bei der Bemessung des Schafstallraumes berücksichtigt werden müßten. Vielmehr liegen die Schwankungen für die gesamte Schafherde mit ±14% des Mittelwertes in einem Rahmen, der es gerechtfertigt erscheinen läßt, nur mit den Mittelwerten zu rechnen, vor allem auch deswegen, weil Schafe stets in Laufställen gehalten werden. In einem Betrieb standen die Schafböcke in Einzelbuchten, weil die Bockhaltung in Sammelbuchten zu größeren Verlusten geführt hatte. Die Einzelbuchten für Schafböcke waren 3 × 2 m groß, mit 60 bis 65 cm breiten Türen und 1,30 m hohen Buchtenwänden.

Bedeutung für die Planung von Schafställen hat die je Schaf zur Verfügung stehende Fläche. Bei 21 Betrieben konnte sie ermittelt werden: Für 15300 Schafe standen 18375 m^2 zur Verfügung, das sind 1,2 m^2 je Schaf ($s\% = 31$) (Abb. 34). Werden die Mutterschafe einschließlich Nachzucht in diese Rechnung einbezogen, so ergeben sich für sie im Mittel aller Betriebe 3,1 m^2 ($s\% = 28$), was auch dem Modus entspricht (s. Abb. 35).

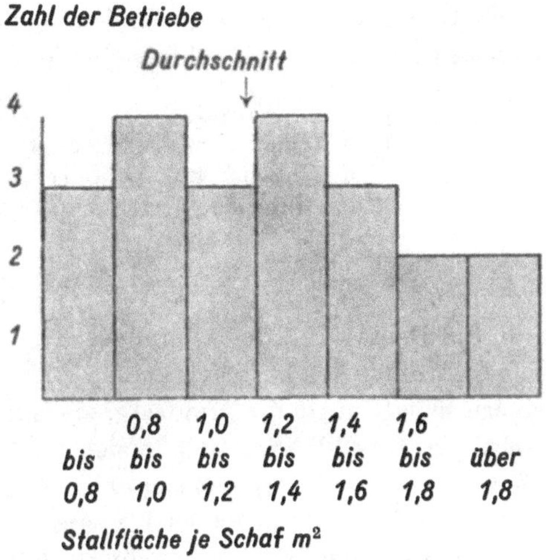

Abb. 34. Häufigkeit der je Schaf zur Verfügung stehenden Stallfläche

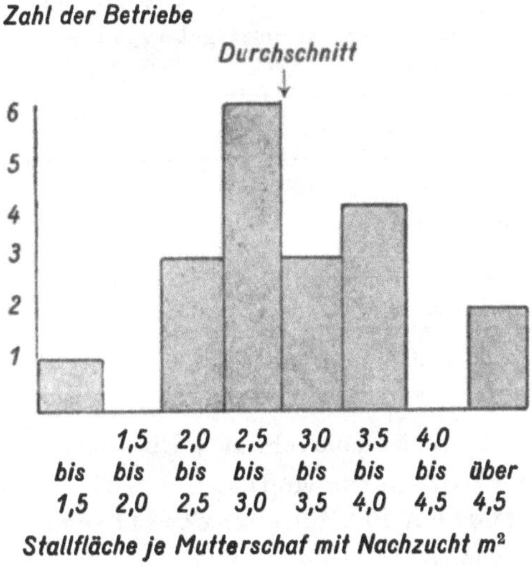

Abb. 35. Häufigkeit der je Mutterschaf einschließlich Nachzucht zur Verfügung stehenden Stallfläche

Diese Werte liegen also wesentlich über denen, die CORDS (16/17) angibt:

Mutterschafe ohne Lamm	0,90 m^2
Sauglamm, bis 4 Monate	0,40 m^2
Absatzlamm, bis 8 Monate	0,50 m^2
Jährling, Masthammel	0,70 m^2
Muttern einschließlich Nachwuchs und Lammast	1,75 m^2
Je Haupt der Zuchtherde, Höchstzahl der Tiere angesetzt	0,75 m^2

Die Werte von CORDS (16/17) sind also als zu knapp anzusehen.

Nach Überprüfung der eigenen Werte und der von CORDS (16/17) dürfte es zweckmäßig sein, im Mittel folgende Werte zugrunde zu legen:

je Tier der Herde	1 m^2
je Mutterschaf mit Nachzucht	2,1 bis 2,5 m^2
je Mutterschaf mit Lämmern, sofern Hammel und Jährlinge getrennt untergebracht sind	1,8 bis 2,0 m^2

c) Deduktive Betrachtung

Für die Bemessung des Umfanges der Schafhaltung in einem landwirtschaftlichen Großbetrieb bestehen keine betriebswirtschaftlichen Bestimmungsgründe, sofern hierzu nicht die Mindestgröße einer Herde zur Ausnutzung einer vollen Arbeitskraft zählt. Somit läßt sich auch aus dem gesamten Schafbestand der Deutschen Demokratischen Republik, der von 1085300 Stück (1950) auf 1807400 Stück (1955) (= 28 je 100 ha LN) anstieg, nicht wie beim Rindvieh der Umfang der Schafhaltung für einen landwirtschaftlichen Großbetrieb ableiten. Die VEG hatten 1955 im Durchschnitt 84 Schafe je 100 ha LN.

Genauere Werte sind für den Aufbau einer Herde zu finden. Wir stellen daher die Angaben von BLOHM (10), die einen vierjährigen Umtrieb berücksichtigen, unseren Untersuchungsergebnissen zur Seite.

	BLOHM (10)	Untersuchte Betriebe
Mutterschafe	150	150
Böcke	3	3
Zutreter	40	100
Zibbenlämmer	50	
Lämmer	100 bis 150	130
Schafe insgesamt	343 bis 393	383

Es zeigt sich eine sehr gute Übereinstimmung.

Im DDR-Durchschnitt stellen 1955 die Mutterschafe 48% aller Schafe dar. Eine Herde mit 100 Mutterschafen hat somit im Mittel insgesamt 209 Schafe.

d) Schlußfolgerung

Die Untersuchungen der Schafstallungen führten zu folgenden Ergebnissen:

1. Schafe wurden in 30 von 40 untersuchten Betrieben gehalten. Die Schafhaltung war nicht in Betrieben anzutreffen, die weniger als 200 ha LN bewirtschafteten oder denen die entsprechenden Stallungen fehlten.
2. Es war nicht festzustellen, daß die Schafhaltung in den untersuchten Betrieben den Umfang der Rindviehhaltung beeinträchtigte. Ebensowenig beeinflußten Betriebstyp und Standort den Umfang der Schafhaltung.

3. Die Mindestgröße einer Schafherde wird durch die Ausnutzung einer vollen Arbeitskraft bestimmt. Es sind deswegen mindestens 150 Muttern mit Nachzucht zu halten, im Mittel etwa insgesamt 350 bis 400 Tiere. Die Schwankungen im Jahresablauf sind relativ so gering, daß es richtig ist, bei der Bauplanung nur mit den Mittelwerten zu rechnen, zumal Schafe in Laufställen gehalten werden.
4. Im Mittel aller untersuchten Betriebe, die Schafe hielten, entfielen 110 Schafe auf je 100 ha LN. Der Durchschnitt aller VEG betrug 84 Schafe je 100 ha LN.
5. Für Schafböcke wird die Haltung in Einzelbuchten (2 × 3 m) empfohlen.
6. Es werden Werte für den Flächenbedarf im Schafstall und für die Zusammensetzung der Herden (Seite 108) mitgeteilt.

4. Geflügelställe

a) Allgemeines

Entsprechend den Futteransprüchen hat das Geflügel gleich den Schweinen nur geringe betriebswirtschaftliche Bindungen. Geflügel verlangt Futter mit hoher Nährstoffkonzentration (vor allem Getreide) und dazu nach Möglichkeit etwas Auslauf und Weide. Es ist von betriebswirtschaftlichem Vorteil, wenn sich das Geflügel zu einem hohen Anteil von absolutem Geflügelfutter ernähren kann, also z. B. von Druschabfällen oder Weide im Obstgarten.
Von den Geflügelarten haben die Hühner die weitaus größte Bedeutung. Hühner entfernen sich nur selten weitab von ihren Stallungen. Weil der Anfall des absoluten Geflügelfutters räumlich und zeitlich begrenzt ist, hatte die Geflügelhaltung als Tierhaltungszweig landwirtschaftlicher Großbetriebe bisher keine große Bedeutung erlangt. Der Schwerpunkt der Geflügelhaltung lag in kleinbäuerlichen und bäuerlichen Betrieben und zum Teil in besonderen Geflügelfarmen.

b) Induktive Betrachtung

Die untersuchten Betriebe wiesen Geflügelhaltung auf, wenngleich in begrenztem Umfang. Von 40 untersuchten Betrieben hielten

8 Betriebe Hühner und anderes Geflügel,
26 Betriebe nur Hühner,
1 Betrieb beschränkte sich auf die Entenmast und
5 Betriebe waren ohne Geflügel.

Weil die Berechnung von Durchschnittswerten bei der Geflügelhaltung bedeutungslos für die Gewinnung von Erkenntnissen für die Bauplanung war, wurde in Abb. 36 die Häufigkeit der verschiedenen Herdengrößen in den untersuchten Betrieben dargestellt. Dabei zeigte sich, daß in 68% aller Fälle die Hühnerherden nicht mehr als 250 Tiere umfaßten. Die Hühnerhaltung erwies sich somit in den untersuchten Großbetrieben nur als kleiner Nebenzweig der Viehhaltung. Nur in 6 Betrieben erreichte sie einen Umfang, der eine Arbeitskraft voll beanspruchte.

Wie aus Abb. 37 zu entnehmen ist, waren in der überwiegenden Mehrzahl der untersuchten Betriebe weniger als 100 Hühner je 100 ha LN vorhanden. Nur 6 von 40 untersuchten Betrieben (= 15%) hatten mehr als 100 Hühner je 100 ha LN aufzuweisen.

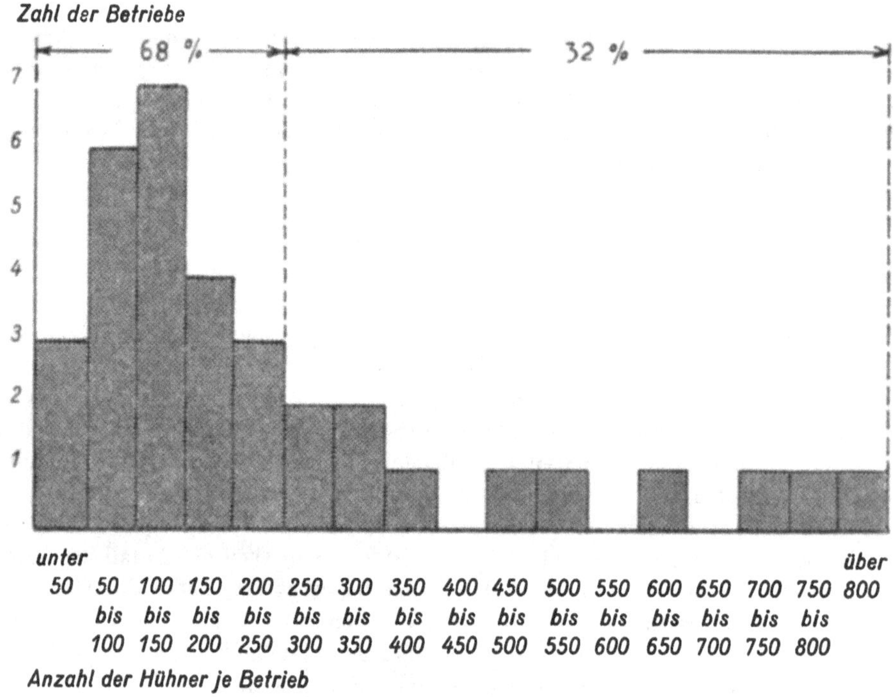

Abb. 36. Häufigkeit der Herdengrößen je Betrieb

Aus der Anzahl der in den Betrieben aufgezogenen Kücken konnten keine Schlußfolgerungen gezogen werden. Diese Werte standen in keinem Zusammenhang mit der Zahl der Hühner. Sie waren vielmehr größer, weil einige Betriebe ihren Geflügelbestand erhöhten oder weil sie Kücken auch für andere Betriebe mit aufzogen.

Im Mittel aller Betriebe wurde auf 14 Hühner 1 Hahn gehalten. Dieser Wert unterliegt jedoch einer sehr starken Streuung: s% = 53.

Die Hühnerställe waren in den Betrieben so bemessen, daß sie mindestens den durchschnittlichen oder gar den maximalen Hühnerbestand aufnehmen konnten. Sofern nicht besondere Verhältnisse vorlagen, wurde 1 m² Stallgrundfläche als Platz für 4 Hühner oder 1 m Sitzstangenlänge als Platz für 5 Hühner gewertet. Das Maximum der Hühner betrug im Mittel aller Betriebe 126% (s% = 17), das durchschnittliche Minimum 75% des Mittelwertes (s% = 25).

Die übrigen Geflügelarten, wie Enten oder Puten, wurden in den untersuchten Betrieben nur in geringem Umfang gehalten, wenn Neigung dazu bestand oder die Voraussetzungen dafür erfüllt waren. Enten wurden in Betrieben gehalten, die einen Teich zur Verfügung hatten. Irgendwelche Hinweise für die Bauplanung lassen sich jedoch nicht ableiten.

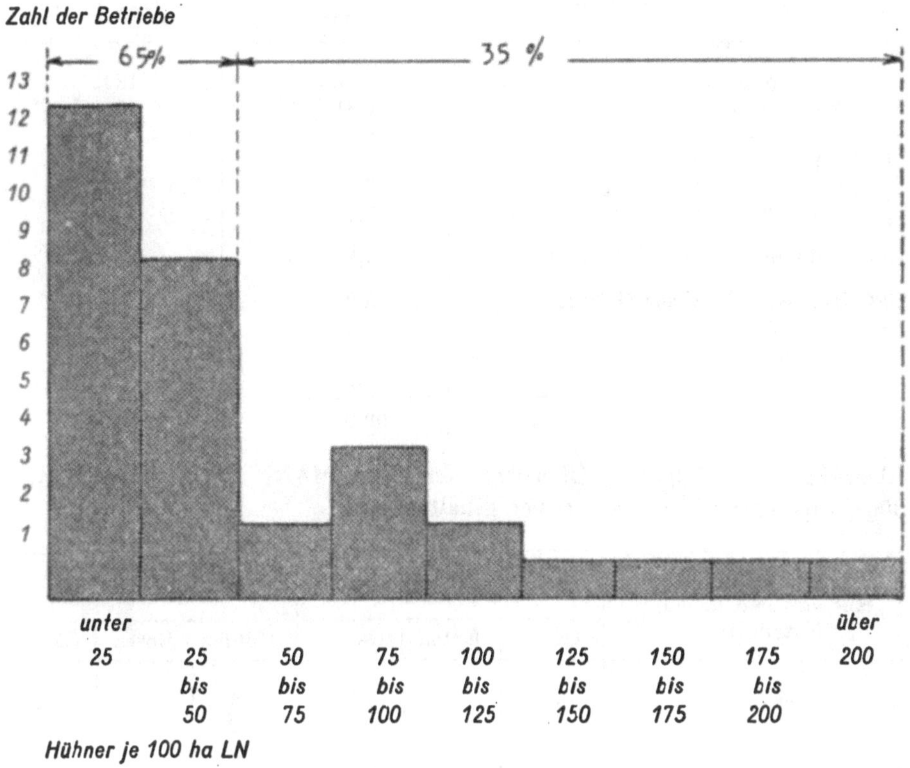

Abb. 37. Häufigkeit des relativen Hühnerbesatzes.

c) Deduktive Betrachtung

Eine deduktive Betrachtung zur Festlegung des notwendigen Stallraumbedarfes für Geflügel ist nicht möglich, weil die Geflügelhaltung insgesamt wenig betriebswirtschaftliche Bindungen hat und die Organisationsformen innerhalb der Geflügelhaltung sehr große Variationsmöglichkeiten bieten. Das bezieht sich vor allem auf die Trennung oder Vereinigung von Brüterei, Aufzucht, Lege- und Mastbetrieb. In Großbetrieben entfällt darüber hinaus weitgehend die Notwendigkeit der Selbstversorgung mit Eiern und Geflügelfleisch, die im Kleinbetrieb den Umfang der Geflügelhaltung entscheidend mit beeinflußt.

1955 waren in der Deutschen Demokratischen Republik 27300100 Stück Geflügel vorhanden, davon 14362500 (= 53%) Legehühner. Der Rest von 47% verteilt sich auf Kücken, Junghühner, Puten und Wassergeflügel. Von den 14,36 Millionen Hühnern entfielen 13632600 (≙ 95%) auf kleinere Betriebe und nur 5% auf Großbetriebe, obwohl die Großbetriebe etwa 27% der landwirtschaftlichen Nutzfläche bewirtschafteten.

Betriebsgröße und -art	Verteilung der Hühner %		Hühner je 100 ha LN
bis 1 ha LN	42,4	52,0	1300
über 1 bis 5 ha LN	9,6		284
über 5 bis 10 ha LN	19,1	32,5	176
über 10 bis 20 ha LN	13,4		143
über 20 bis 50 ha LN	5,6		104
über 50 ha LN	0,4		76
LPG (individuelle Haltung)	4,4		×
LPG (genossenschaftliche Haltung)	4,0		50
VEG	0,6		30
Sonstige volkseigene und öffentliche Betriebe	0,5		26
Insgesamt	100,0		220

Ebenso geht aus folgender Übersicht von WOERMANN (96) hervor, daß Geflügel vorwiegend in Kleinbetrieben gehalten wird.

Größenklasse nach der landwirtschaftlichen Nutzfläche	Anzahl in % des Gesamtbestandes			Anzahl je Betrieb		
	Hühner	Enten	Gänse	Hühner	Enten	Gänse
unter 5 ha	61	46	47	11	3	2,3
5 bis 20 ha	28,5	29	40	12	3,2	2,9
20 bis 50 ha	9	18	11	21	4,0	3,4
50 bis 100 ha	1	5	1,5	31	5,0	3,7
über 100 ha	0,5	2	0,5	51	8,0	4,3

Einige betriebswirtschaftliche Fragen der Geflügelzucht und -haltung hat NICOLAI (63) behandelt. Dabei vertritt er die Ansicht, daß 150 bis 200 Hennen je 100 ha LN den zweckmäßigsten Besatz darstellen. Außerdem teilt er noch mit, daß zur vollen Auslastung einer Arbeitskraft notwendig sind:

Hühner mit Fallnestkontrolle	500 bis 600 Hühner in zwei Legehallen
Hühner ohne Fallnestkontrolle	700 bis 900 Hühner
Kücken bis 3 Monate	1800 bis 2000 Kücken
Jungtiere älter als 3 Monate	2000 bis 2500 Jungtiere
Brüten mit Schrankbrütern	8000 bis 10000 Eier
Brüten mit Flächenbrütern	2500 bis 3000 Eier
Entenmast bis zum Alter von 10 bis 20 Wochen	1000 bis 1500 Enten
Gänsekücken (vom Kücken bis zum Alter von 6 bis 7 Monaten)	1500 bis 2000 Gänse
Puten (vom Kücken bis zum Alter von 6 bis 7 Monaten)	1000 bis 1500 Puten.

Wird diese Geflügelzahl im einzelnen nicht erreicht, so können dem Betreuungspersonal noch weitere Arbeiten übertragen werden. Diese Übersicht läßt erkennen, daß in den untersuchten Betrieben Geflügelhaltung zu einem großen Teil nur in einem Umfang betrieben wurde, der eine Arbeitskraft nicht voll auslastete. Die Haltung von Geflügel in Käfigbatterien und die Bodenintensivhaltung werfen auch für die Bauplanung neue Probleme auf, die noch zu klären sind.

d) Schlußfolgerung

Die Untersuchungen der Geflügelställe führten zu folgenden Ergebnissen:

1. Die Geflügelhaltung hat nur wenig betriebswirtschaftliche Bindungen. Darum kann der Stallraumbedarf nur unter Berücksichtigung der besonderen örtlichen Verhältnisse und bei Beachtung der jeweiligen Futtergrundlage festgelegt werden.
2. In 68% aller hühnerhaltenden Betriebe umfaßten die Hühnerherden nicht mehr als 250 Tiere. Nur in 15% aller untersuchten Betriebe hatte die Hühnerhaltung einen solchen Umfang erreicht, daß eine Arbeitskraft voll damit beschäftigt war.
3. In der Mehrzahl der Fälle wurden weniger als 100 Hühner je 100 ha LN gehalten.
4. Die Hühnerstallungen waren in den untersuchten Betrieben so bemessen, daß sie mindestens den durchschnittlichen oder gar den maximalen Hühnerbestand aufnehmen konnten. Es ist mit Schwankungen von $\pm 25\%$ des Mittelwertes im Jahr zu rechnen.
5. Sicherlich wird es künftig in landwirtschaftlichen Großbetrieben richtig sein, Geflügel entweder in großer Zahl (z. B. Intensivhaltung, Käfighaltung) oder gar nicht zu halten.

5. Pferdeställe

a) Allgemeines

Mit zunehmender Motorisierung der Landwirtschaft nimmt an sich die Bedeutung der Pferdehaltung ab. Vollmotorisierte Betriebe ohne Pferdehaltung sind möglich und bekannt. Dennoch wäre es gegenwärtig noch verfrüht, die Pferdeställe bei der Bauplanung gänzlich unberücksichtigt zu lassen, weil ein gewisser Mindestbestand von Pferden auch bei sehr starker Motorisierung betriebswirtschaftlich immer noch sinnvoll ist. Wenn die verbleibenden Pferde bei starker Motorisierung des Betriebes ganz bestimmte Arbeiten zu übernehmen haben, dann werden sie gut ausgenutzt, und die Zugkräftehaltung ist billiger, als wenn alle Arbeiten allein von Schleppern bewältigt würden. Es gilt nur, den betriebswirtschaftlich zweckmäßigen Umfang der Pferdehaltung richtig abzugrenzen. Wenn die Pferdehaltung überhaupt berechtigt ist, dann hat auch die Pferdezucht in gewissem Umfang noch Sinn.

Die untersuchten Betriebe, die eine relativ hohe Stufe der Motorisierung erreicht hatten (siehe Seite 119), können Anhaltswerte dafür geben, welcher Umfang der Pferdehaltung bei hoher Motorisierungsstufe angebracht sein kann.

b) Induktive Betrachtung

Pferde waren in allen untersuchten 40 Betrieben vorhanden. 35 davon hielten die Pferde lediglich als Zugtiere, während 5 einen überhöhten Pferdebesatz aufwiesen, weil sie ausgesprochene Pferdezuchtbetriebe waren. Insgesamt wurden in den 40 untersuchten Betrieben 1745 Pferde gehalten. Auf die „Normalbetriebe", die hier den „Zuchtbetrieben" gegenübergestellt werden und die 21100 ha LN bewirtschafteten, entfielen 1246 Pferde, so daß sich im Mittel ein Besatz von 5,9 Pferden je 100 ha LN ergibt (s% = 31).

Umfang und Zusammensetzung des Pferdebestandes in den untersuchten Betrieben (ohne Zuchtbetriebe) gehen aus folgender Übersicht hervor:

Pferde	Anzahl	Relativzahl		Pferde je 100 ha LN	
		%	s%	Anzahl	s%
Arbeitspferde	845	68	32	4,0	×
Zuchtstuten	115	9	×	0,5	×
Arbeitspferde und Zuchtstuten	960	77	17	**4,5**	30
Fohlen und Jungpferde . .	249	20	58	1,2	71
Hengste	37	3	×	0,2	×
Pferde insgesamt	1246	100	×	5,9	31

Von 35 Betrieben hielten 12 (= 34%) außer den Arbeitspferden auch noch Zuchtstuten. Die Streuung ist beim Anteil der Arbeitspferde allein höher als bei der

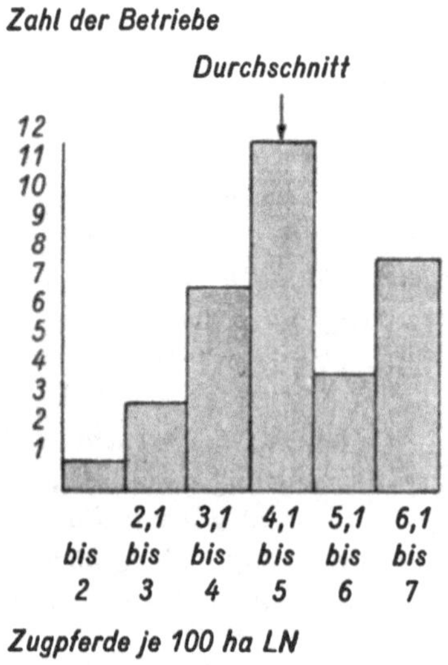

Abb. 38. Häufigkeit des relativen Besatzes an Zugpferden (Arbeitspferden und Zuchtstuten)

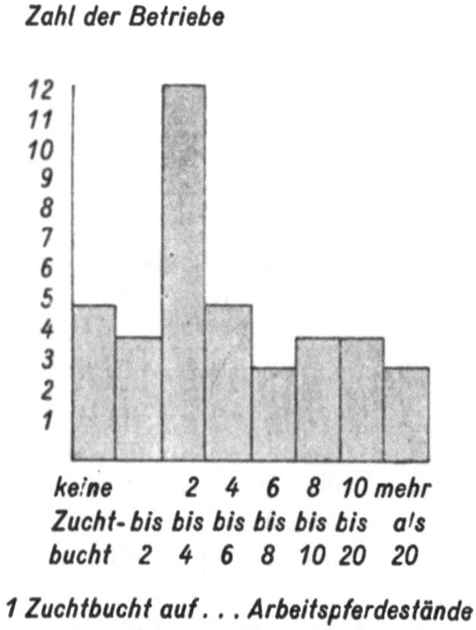

Abb. 39. Häufigkeit der Pferdezuchtbuchten im Verhältnis zu den Arbeitspferdeständen

Summe von Zuchtstuten und Arbeitspferden, weil die Zuchtstuten auch mit als Zugpferde eingespannt wurden. Bei der Berechnung des notwendigen Pferdestallraumes kann daher zweckmäßigerweise mit der Summe von Arbeitspferden und Zuchtstuten gearbeitet werden. 4,5 Zugpferde je 100 ha LN entsprechen nicht allein dem Mittelwert, sondern wie aus Abb. 38 hervorgeht, auch dem Bereich der größten Häufigkeit. Der Anteil der Fohlen und Jungpferde, also der Tiere, für die Laufboxen vorgesehen werden müssen, ist einer wesentlich größeren Streuung unterworfen. Hengste wurden nur vereinzelt gehalten. Daher ist die Streuung nicht besonders berechnet worden.

Die Schwankungen im Pferdebesatz bei den einzelnen Altersklassen während des Jahres zeigt folgende Übersicht:

Altersklassen	Durchschnittliches Minimum		Durchschnittliches Maximum		Schlußfolgerung: Schwankungen % des Mittelwertes
	% des Mittelwertes	s%	% des Mittelwertes	s%	
Fohlen	84	29	134	35	± 25
Jungpferde	84	24	119	25	± 18
Hengste	95	11	107	11	± 6
Zuchtstuten	94	11	107	10	± 7
Arbeitspferde	93	11	110	17	± 9
Pferde insgesamt	96	5	104	5	± 4

Diese Zahlen lehren, daß der Pferdebestand im allgemeinen sehr konstant ist, so daß mit den Durchschnittswerten gerechnet werden kann. Lediglich bei den Fohlen empfiehlt es sich, die Schwankungen zu berücksichtigen und die Größe der Fohlenbuchten nicht zu knapp zu wählen (Abb. 39).

c) Deduktive Betrachtung

Der Pferdebesatz in den untersuchten Betrieben lag als Folge der stärkeren Motorisierung unter dem allgemeinen Durchschnitt. Er hat sich im gesamten Untersuchungsgebiet folgendermaßen entwickelt (106):

Jahr	Pferde je 100 ha LN
1938	12,3
1950	11,1
1951	11,4
1952	11,5
1953	11,2
1954	10,7
1955	10,3
1956	9,9

Nach MEYER (54) waren 1950 im gesamten Untersuchungsgebiet 718000 Pferde (11 je 100 ha LN) vorhanden, von denen 543500 (8,4 je 100 ha LN) über 3 Jahre alt waren und somit als Arbeitspferde gerechnet werden können. Der Anteil der

Fohlen und Jungpferde unter 3 Jahren liegt infolgedessen mit 174500 bei 24% des Gesamtbestandes, so daß er also nicht wesentlich höher ist als der in den untersuchten Betrieben (einschließlich Zuchtbetrieben = 23%).
1936 waren in Deutschland nach den Angaben des Statistischen Jahrbuches für das Deutsche Reich 1937 je 100 ha Gesamtfläche vorhanden:

1,3 Pferde unter 3 Jahren	= 18%
5,9 Pferde über 3 Jahre	= 82%
7,2 Pferde insgesamt	= 100%

Die Motorisierung wird weiter voranschreiten, so daß es nicht abwegig sein dürfte, bei der Bauplanung künftig im Mittel je 100 ha LN vorzusehen:
4 Plätze für Arbeitspferde (obwohl es möglich ist, mit nur 2 Arbeitspferden auszukommen oder auf Pferde ganz zu verzichten).
0,5 bis 1 Laufbucht für Fohlen oder als Abfohlboxe.

d) Schlußfolgerung

Pferde werden künftig auch bei fortschreitender Motorisierung der Landwirtschaft noch benötigt werden. Die untersuchten Betriebe hatten als Folge eines höheren Besatzes an MPS einen Pferdebesatz, der unter dem allgemeinen Durchschnitt lag. Dieser geringe Pferdebesatz kann aber der Bauplanung als Hinweis dafür dienen, mit wieviel Pferdeplätzen im Hinblick auf eine fortschreitende Motorisierung künftig zu rechnen ist.
Es wird für richtig gehalten, im Mittel je 100 ha LN vorzusehen:
2 bis 4 Plätze für Arbeitspferde und 0,5 bis 1 Laufbucht für Fohlen oder als Abfohlbucht.
Die Pferdezahl ist im Jahresablauf sehr konstant, so daß mit den Durchschnittswerten gerechnet werden kann.

6. Düngerstätten und Jauchegruben

In den untersuchten Betrieben wurden die Düngerstätten nur vereinzelt, die Jauchegruben überhaupt nicht ausgemessen. Es zeigte sich, daß die Düngerstätten im allgemeinen die beim Stapelmistverfahren zweckmäßige Größe von 3 m²/GV, auf die bereits an anderer Stelle hingewiesen worden ist (56), überschritten, weil die Breitlagerung von Dung vorherrschte. Bei Neuplanungen von Düngerstätten ist die Stapelung vorzusehen, wofür 3 m²/GV ausreichen. Insgesamt sind hierbei aber die Dinge noch sehr im Fluß, so daß noch nicht feststeht, unter welchen Verhältnissen der Frischmist täglich aufs Feld gefahren und dort entweder gelagert oder sofort gestreut wird oder wann die Schwemmentmistung mit dem Gülle- oder Biogasverfahren zweckmäßig ist, wie sie ROSEGGER (76) beschrieben hat. In diesen Fällen wäre eine Düngerstätte gänzlich entbehrlich. Die Größe der Jauchegrube wird im Schrifttum, so z. B. bei CORDS (16,17) mit 3 m³/GV angegeben. In den letzten Jahren überprüfte die Deutsche Bauakademie die Frage, ob eine Verminderung des Jaucheraumes möglich ist. Von veterinärhygienischer Seite wurde in diesem Zusammenhang eingewendet, daß die Jauche ausgären muß. Es empfiehlt sich daher, mehrere Kammern vorzusehen. Im übrigen läßt sich aber mit wenigerRaucheraum auskommen, weil bei Verwendung von Häckselstreu insgesamt weniger Jauche anfällt und weil elektrisch betriebene Jauchepumpen und gummibereifte Jauchewagen das Ausfahren in kürzeren Zeitabständen mit einem geringeren Arbeitsaufwand ermöglichen. Daß dies in der landwirtschaftlichen Praxis durchführbar ist, beweisen die Ergebnisse früher von uns durchgeführter Forschungsarbeiten (55). Wie aus Abb. 40 hervorgeht, lassen sich zwar für die Stalldungausfuhr eindeutige Termine feststellen, wohingegen die Jauche während des ganzen Jahres fast gleichmäßig ausgefahren wurde. Aus diesen Gründen wird es für ausreichend angesehen, den Jauchegrubenraum auf 1 bis 1,5 m³/GV zu beschränken.

Eine Aussprache mit Vertretern des sowjetischen landwirtschaftlichen Bauwesens im April 1956 ergab, daß in der Sowjetunion die Jauchegruben früher mit nur 0,16, jetzt jedoch mit 0,30 m³/GV bemessen werden. Dabei wird damit gerechnet, daß die Jauche monatlich einmal abzufahren ist.

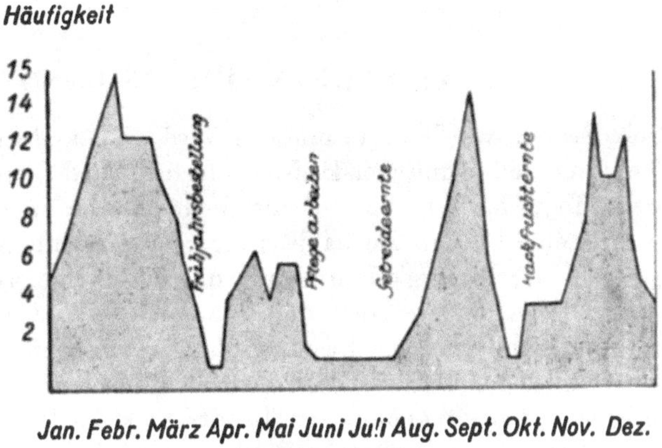

Abb. 40a. Stalldung

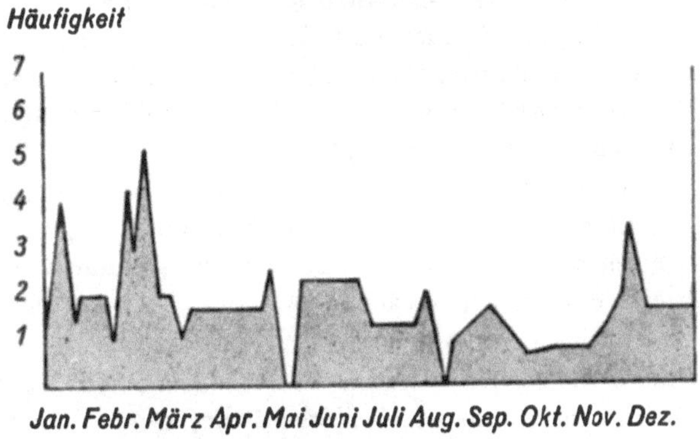

Abb. 40b. Jauche

Zeitliche Verteilung der Stalldung- und Jaucheausfuhren im Jahresablauf nach arbeitswirtschaftlichen Untersuchungen 1949 bis 1951 auf den Versuchsgütern der Martin-Luther-Universität Halle-Wittenberg

Schlußfolgerung

1. Die Düngerstätte sollte 3 m²/GV umfassen, sofern nicht die Schwemmentmistung verwendet oder der Dung täglich aufs Feld gefahren wird.
2. Für die Jauchegrube reicht 1 bis 1,5 m³/GV aus, wobei zu empfehlen ist, mehrere Kammern zu bauen, damit die Jauche genügend ausgären kann.

VI. BAUTEN FÜR DIE LANDTECHNIK

Seit Beginn des 20. Jahrhunderts wird die Landwirtschaft in zunehmendem Maße mit landtechnischen Hilfsmitteln ausgerüstet. Dieser Prozeß ist noch keineswegs abgeschlossen, obwohl die Mehrzahl der landwirtschaftlichen Betriebe bereits einen hohen Mechanisierungsgrad erreicht hat. Für die Bauplanung ergeben sich Schwierigkeiten daraus, daß noch keine grundlegenden Untersuchungen durchgeführt worden sind, die Aufschluß über den jeweils betriebswirtschaftlich notwendigen Besatz an landtechnischen Hilfsmitteln geben können. Die Beratungen über die Maschinen- bzw. Mechanisierungssysteme haben in den Sektionen Agrarökonomik und Landtechnik der Deutschen Akademie der Landwirtschaftswissenschaften zu Berlin erst im April 1956 begonnen. Im Mai 1957 wurde der erste „Entwurf eines Kataloges der Arbeitsgänge der Feldwirtschaft für die Zusammenstellung von Maschinensystemen" als Gemeinschaftsarbeit des Institutes für Landtechnik Potsdam-Bornim und der Forschungsstelle für Landarbeit Gundorf der Deutschen Akademie der Landwirtschaftswissenschaften zu Berlin vorgelegt.

Bei allen untersuchten Betrieben haben wir den Besatz an Schleppern, Landmaschinen und Geräten aufgezeichnet und entsprechend ausgewertet. Die untersuchten Betriebe hatten fast durchweg einen hohen Mechanisierungsgrad erreicht, der die gegenwärtigen Möglichkeiten ausschöpft, so daß die gewonnenen Erkenntnisse von allgemeiner Bedeutung sind.

Die vorhandenen Bauten für die Landtechnik, wie Garagen, Tankstellen, Maschinenschuppen und Werkstätten, können nur wenig Anhaltspunkte geben, weil sie aus einer Zeit stammen, in der eine niedrigere Mechanisierungsstufe vorherrschte, als sie heute anzutreffen und in der Zukunft zu erwarten ist. Dennoch haben wir ihrer Ermittlung Aufmerksamkeit geschenkt, um einen Überblick über die gegenwärtige Situation zu erhalten.

1. Garagen

a) Allgemeines

Zur Ermittlung des Bedarfes an Garagen machte sich eine Feststellung der vorhandenen und eine Berechnung der notwendigen Kraftfahrzeuge erforderlich. Die Betriebe waren im Durchschnitt gut mit Schleppern ausgerüstet. Im Untersuchungszeitraum erhielten sie Lastkraftwagen. Personenkraftwagen waren nicht überall anzutreffen. Motorräder gab es in allen untersuchten Betrieben.

Zu den Kraftfahrzeugen rechnen im Sinne dieser Untersuchung: Raupenschlepper, Radschlepper, Lastkraftwagen und Personenkraftwagen. Dagegen blieben Motorräder unberücksichtigt. Zur Errechnung der Motor-PS (MPS) wurden nur die Raupen-und Radschlepper sowie die Lastkraftwagen, jedoch nicht die Personenkraftwagen herangezogen.

b) Induktive Betrachtung

Die in den untersuchten Betrieben vorhandenen 372 Kraftfahrzeuge verteilten sich folgendermaßen:

Raupenschlepper über 50 PS	12%	
Raupenschlepper unter 50 PS	3%	
Raupenschlepper insgesamt		15%
Radschlepper über 40 PS	4%	44%
Radschlepper 35 bis 40 PS	40%	
Radschlepper 30 bis 34 PS	17%	27%
Radschlepper 21 bis 29 PS	5%	
Radschlepper bis 20 PS	5%	
Radschlepper insgesamt		71%
Lastkraftwagen	7%	
Lieferwagen	2%	
LKW insgesamt		9%
Personenkraftwagen		5%
Zusammen		100%

Je 100 ha LN wurden im Mittel 1,6 Kraftfahrzeuge gehalten. Dabei beträgt der Variationskoeffizient 31. Wir haben daher den Einfluß der Betriebsgröße auf die relative Zahl der Kraftfahrzeuge untersucht und konnten, wie in Abb. 41 zu sehen ist, bei Betrieben bis etwa 500 ha LN feststellen, daß die Zahl der je 100 ha LN gehaltenen Kraftfahrzeuge mit zunehmender Betriebsgröße abnimmt. Bei größeren Betrieben ist kein Einfluß der Betriebsgröße mehr zu bemerken.

Die Kraftfahrzeuge der untersuchten Betriebe hatten insgesamt 14400 MPS, das sind 60 MPS/100 ha LN. Dieser Wert besitzt eine nur relativ geringe Streuung, was aus dem Variationskoeffizienten von 18 hervorgeht. In diesem Zusammenhang interessierte, zu erfahren, von welchen Faktoren der Besatz an Kraftfahrzeugen abhängt. So wurden untersucht der Einfluß von

Betriebstyp und somit Nutzflächenverhältnis, vor allem der Anteil des Hackfrucht-, Getreide- und Futterbaues

Nutzviehbesatz

Besatz an tierischen Zugkräften.

In keinem Falle war auch nur die Andeutung einer Gesetzmäßigkeit festzustellen. Die Betriebe hielten im Durchschnitt 5 Zugvieheinheiten (einschließlich der Zugochsen) je 100 ha LN (s% = 32). In Betrieben mit günstigen Voraussetzungen für die Pferdezucht gab es mehr tierische Zugkräfte als in den übrigen Betrieben, ohne daß oftmals jedoch dadurch der Besatz an motorischen Zugkräften geringer gewesen wäre. BEYER (4) gibt an, daß bei 60 MPS/100 ha LN je nach Bodenart etwa 3 bis 4 ZK/100 ha LN gehalten werden sollten. Die untersuchten Betriebe haben einen höheren Besatz an Zugkräften, was damit zusammenhängen kann, daß die LKW in den MPS-Besatz mit einbezogen wurden. Bei 50 MPS je 100 ha LN sind nämlich nach BEYER (4) 5 bis 6 ZK je 100 ha LN notwendig.

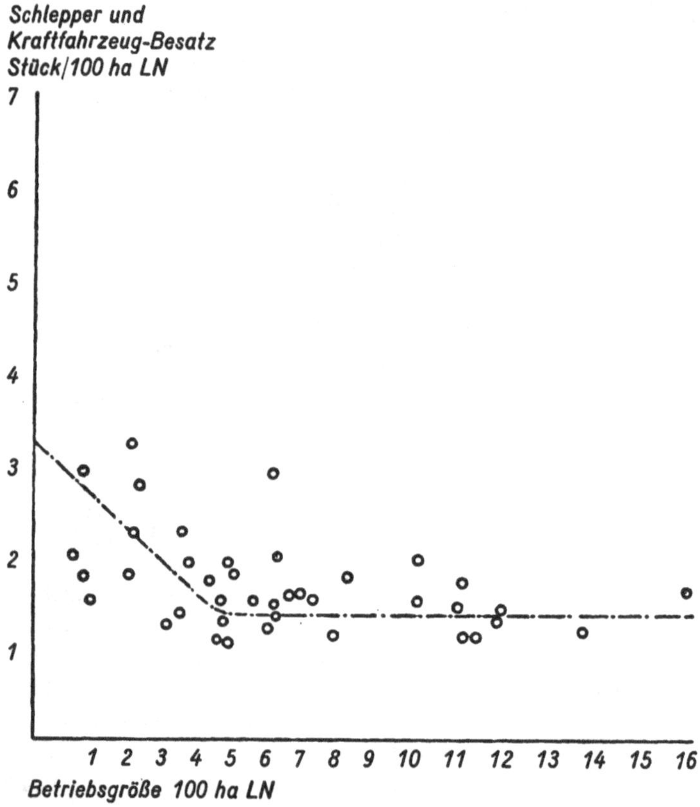

Abb. 41. Der relative Besatz an Schleppern und anderen Kraftfahrzeugen in Abhängigkeit von der Betriebsgröße bei 40 untersuchten Betrieben (Stück/100 ha LN)

Weil keine Beziehungen des Besatzes an tierischen Zugkräften zu den motorischen festzustellen waren, ermittelten wir die Standortverteilung des MPS-Besatzes (Abb. 42). Diese Abbildung läßt eine Abhängigkeit des Besatzes an motorischen Zugkräften erkennen von

der Betriebsgröße und

der äußeren Verkehrslage.

Ein hoher MPS-Besatz ist in den südlicheren Bezirken (Mittelgebirgslagen) fest- zustellen, in denen die kleineren Betriebe vorherrschen. In den nördlicheren Bezirken ist der relative MPS-Besatz zwar etwas geringer, er übertrifft aber den-

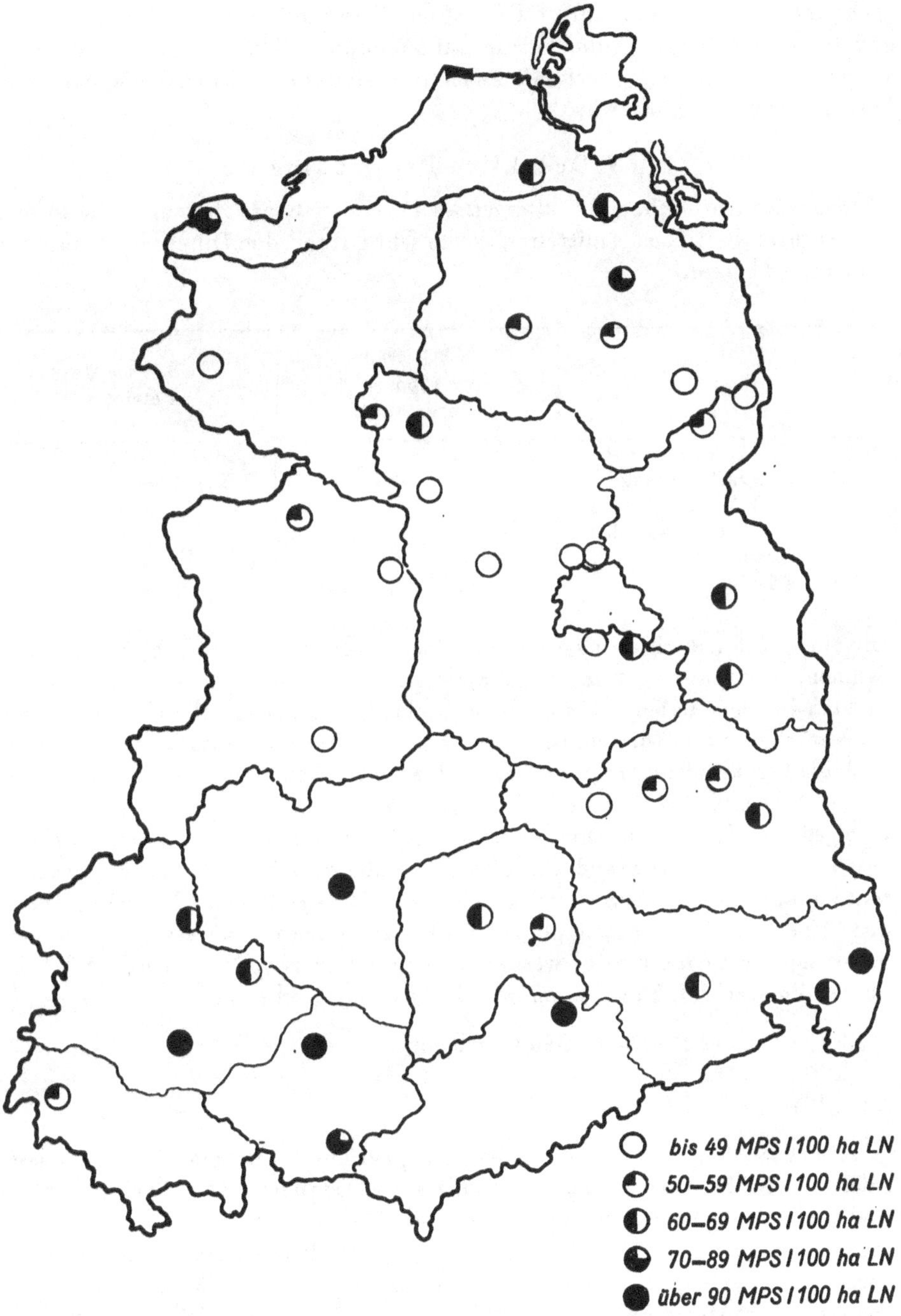

Abb. 42. Besatz an motorischen Zugkräften bei den untersuchten Betrieben

noch bisweilen den Durchschnitt. Dies ist mit den schlechteren Wegeverhältnissen und den größeren Entfernungen zum Bahnhof und zu den Erfassungs- und Aufkaufstellen zu erklären, die oftmals die Haltung eines zusätzlichen Schleppers oder Lastkraftwagens bedingten.

c) Deduktive Betrachtung

Ebenso wie beim Viehbesatz stimmen auch bei den Kraftfahrzeugen die in den untersuchten Betrieben ermittelten Werte sehr gut mit den Durchschnittswerten aller VEG überein.

	VEG (106) 1955 insgesamt	Untersuchte Betriebe
Zahl der Kraftfahrzeuge je 100 ha LN	1,7	1,6
Anteil der LKW an allen Kraftfahrzeugen	12%	9%
MPS je 100 ha LN . . .	56	60

Mit einer Vollmotorisierung ist in Großbetrieben im allgemeinen erst dann zu rechnen, wenn mindestens 80 MPS/100 ha LN vorhanden sind. Die untersuchten Betriebe haben diese Stufe noch nicht ganz erreicht. Es ist indessen anzunehmen, daß landwirtschaftliche Betriebe künftig voll motorisiert sind, wenn auch die Pferdehaltung in gewissem Umfange bestehen bleiben wird. Ausnahmen werden hier immer die Pferdezuchtbetriebe bilden.
Infolgedessen ist die Ansicht berechtigt, daß der in den untersuchten Betrieben gegenwärtig erreichte Stand von 60 MPS je 100 ha LN nicht richtungsweisend sein kann, sondern sich voraussichtlich auf 80 MPS je 100 ha LN erhöht. Damit aber sind 1,6 Kraftfahrzeugplätze je 100 ha LN bei der zu erwartenden Vollmotorisierung zu gering; es werden künftig 2 Garagenplätze je 100 ha LN für notwendig erachtet. Dabei kann mit einem Bedarf von etwa

1,7 Plätzen für Rad- und Raupenschlepper,
0,2 Plätzen für LKW und
0,1 Plätzen für PKW

gerechnet werden. Die Verteilung der Schlepper auf die einzelnen Größenklassen spielt für die Bauplanung zunächst eine etwas geringere Rolle, weil sich deren Stellflächenbedarf nicht wesentlich unterscheidet.
Zwei Garagenplätze je 100 ha LN erscheinen für landwirtschaftliche Großbetriebe berechtigt, wenn man bedenkt, daß bei vorwiegend bäuerlichen Betrieben die Deutsche Bundesrepublik Ende 1956 bei einer landwirtschaftlichen Nutzfläche von 14,2 Mill. ha über 550000 Schlepper (= 3,9 je 100 ha LN), Schweden bei 3,9 Mill. ha LN etwa 135000 Schlepper (= 3,5 je 100 ha LN) hat.

d) Schlußfolgerung

Die Untersuchungen des Garagenbedarfes führten zu folgenden Ergebnissen:

1. In den untersuchten Betrieben verteilten sich die Kraftfahrzeuge etwa folgendermaßen:

Raupenschlepper	15%
große Radschlepper über 35 PS	44%
kleinere Radschlepper unter 35 PS	27%
Lastkraftwagen	9%
Personenkraftwagen	5%
Insgesamt	100%

2. Bei einem Zugkräftebesatz von 60 MPS/100 ha LN und 5 ZV/100 ha LN verfügten die Betriebe durchschnittlich über 1,6 Kraftfahrzeuge je 100 ha LN.
3. Bis zu einer Betriebsgröße von etwa 500 ha LN nahm der relative Besatz an Kraftfahrzeugen mit zunehmender Betriebsgröße ab. Bei größeren Betrieben war dieser Einfluß nicht mehr festzustellen.
4. Der Besatz an motorischen Zugkräften hing in den untersuchten Betrieben weder vom Betriebstyp noch vom Nutzviehbesatz, noch vom Besatz an tierischen Zugkräften, sondern lediglich von der Betriebsgröße und zu einem Teil noch von der äußeren Verkehrslage ab.
5. Bei einer Vollmotorisierung mit 80 MPS/100 ha LN, die in absehbarer Zeit erreicht sein dürfte, muß die Bauplanung bei landwirtschaftlichen Großbetrieben künftig mit 2 Garagenplätzen je 100 ha LN rechnen. In diesem Wert sind sowohl die Raupen- und Radschlepper wie auch die Last- und Personenkraftwagen enthalten.

2. Stellflächen für Landmaschinen und Geräte

a) Allgemeines

Zur Ermittlung der notwendigen Stellflächen für Landmaschinen und Geräte ließen sich andere Arbeiten nicht heranziehen, weil bisher derartige Untersuchungen noch nicht durchgeführt wurden. Wir haben daher den Stellenflächenbedarf nach zwei Methoden errechnet, die übereinstimmende Ergebnisse brachten. Einesteils wurden in den untersuchten Betrieben die Unterstellflächen und die Freiflächen der Landmaschinen ausgemessen, unter entsprechender Berücksichtigung der Maschinen, die sich gerade im Einsatz befanden. Andererseits wurden sämtliche von den Betrieben benutzten Maschinen und Geräte aufgezeichnet. Daraus ließen sich die Faktoren ableiten, welche die Höhe des Besatzes an den einzelnen Landmaschinen und Geräten bedingen. Diese Landmaschinenverzeichnisse der untersuchten Betriebe gestatteten auch die Berechnung der notwendigen Stellflächen nach einem bestimmten Index.

b) Induktive Betrachtung

Bei der Untersuchung des Bedarfes an Maschinenstellfläche konnten nicht alle 40 Betriebe gleichmäßig ausgewertet werden. Acht Betriebe mußten wegen unzureichenden Maschinenbesatzes unberücksichtigt bleiben. Es fiel auf, daß vier

Betriebe eine relativ viel größere Maschinenstellfläche aufwiesen als die übrigen. Diese Betriebe mit einer landwirtschaftlichen Nutzfläche von weniger als 200 ha hatten nämlich Maschinenstellflächen, die zwischen 350 und 450 m² je 100 ha LN lagen. Sie konnten alle Landmaschinen und Geräte unter Dach aufstellen.
Größere Einheitlichkeit herrschte bei den 28 untersuchten Betrieben über 200 ha LN. Hier waren 18500 m² überdachte Maschinenstellfläche vorhanden. Einschließlich der Freiflächen wurden insgesamt 36000 m² ermittelt. Das bedeutet, daß diese 28 Betriebe mit 18500 ha LN für je 100 ha LN fast 200 m² Maschinenstellfläche benötigten. Dabei beträgt die Streuung nur 14% des Mittelwertes. Die überdachte Fläche nahm 51% der gesamten Maschinenstellfläche ein. Dieser Wert war jedoch in den einzelnen Betrieben außerordentlich unterschiedlich. Der Variationskoeffizient betrug 43% des Mittelwertes.
Wenn der Gesamtwert der benötigten Maschinenstellfläche nur einer relativ geringen Streuung von 14% des Mittelwertes unterliegt, so ist daraus zu folgern, daß der Betriebstyp wenig Einfluß auf die notwendige Maschinenstellfläche hat. Wenngleich die Gesamtfläche dieselbe bleibt, so ändert sich doch je nach Nutzflächenverhältnis die Zusammensetzung des Maschinenparkes.
Für die bauliche Ausführung der Maschinenschuppen ist es notwendig, zu wissen, welche Maschinen untergestellt werden sollen. Es wurde daher bei den wichtigsten Maschinen und Geräten untersucht, welche Faktoren den Umfang ihres Besatzes bestimmen. Naturgemäß sind diese Werte gewissen Streuungen unterworfen, weil weder die Arbeitsbreiten der Maschinen und Geräte einheitlich noch die Anbauflächen in den verschiedenen Jahren konstant sind.
Die Ergebnisse dieser Untersuchungen gibt Tab. 8 wieder. Verständlicherweise kann sie nur Anhaltswerte enthalten, die etwa die Verhältnisse in den untersuchten Betrieben widerspiegeln. Im übrigen müssen die Ergebnisse der Untersuchungen abgewartet werden, die sich mit der Aufstellung der Maschinen- bzw. Mechanisierungssysteme befassen.

c) Deduktive Betrachtung

Die deduktive Betrachtung der notwendigen Maschinenstellfläche wird dadurch erschwert, daß über dieses Problem im Schrifttum bisher noch sehr wenig gesagt ist. Der gesamte Fragenkomplex der zweckmäßigsten landtechnischen Ausrüstung landwirtschaftlicher Betriebe ist noch ungeklärt, weil der Prozeß der Mechanisierung der Landwirtschaft noch andauert.
Den Angaben von CORDS (16) über den Stellflächenbedarf für Landmaschinen in Großbetrieben kann entnommen werden:

Betriebsgröße	100 ha	= 240 m²/100 ha LN
,,	200 ha	= 150 m²/100 ha LN
,,	300 ha	= 120 m²/100 ha LN
,,	400 ha und mehr	= 100 m²/100 ha LN

Nach NIEMKE (64) ist je Traktor mit

30 m² Maschinenstellfläche für die hochempfindlichen Geräte und

TA

Anzahl der Landmaschin

	Bodenbearbeitung						Düngung und Bestellung			P
	Schlepper-pflüge	Grubber	Scheibeneggen	Walzen	Wiesen-walzen	Eggen	Dünger-streuer	Kartoffellege-maschinen	Drill-maschinen	Pflanzen-schutzgeräte
Fläche	AL	LN	AL	AL	×	AL	LN		LN	LN
über 100 bis 200	2—3			4—8	bei stärkerem Grünlandanteil in allen Größenklassen 1 bis 2	Werte streuen sehr stark		im allgemeinen 1, bei mehr als 70 ha Kartoffelbau auch 2	2	
,, 200 ,, 300	3		1—2				2—3			
,, 300 ,, 400	4—7	1—3		6—14						1—2
,, 400 ,, 500	5 - 10						4—5		2—3	
,, 500 ,, 600	7—12									
,, 600 ,, 700	8—14									2
,, 700 ,, 800	10—15		2—4	8—17			5—6		3—5	
,, 800 ,, 900	10—15									
,, 900 ,, 1000	11—20									
,, 1000 ,, 1100	über 13	über							4—5	
,, 1100 ,, 1200	,, 13	3								3
,, 1200 ,, 1300	,, 13		6	bis			7—8			
,, 1300 ,, 1400	,, 13			zu 25						
,, 1400 ,, 1500	,, 13								6—9	
,, 1500 ,, 1600	,, 13									

n untersuchten Betrieben

…wender u. Schwaden-rechen	Mähbinder	Mähdrescher	Sammel-pressen	Dresch-maschinen	Schlepp-rechen	Heugebläse	Höhen-förderer	Kraut-schläger	Kartoffel-roder	Kartoffel-sortier-maschinen	Rübenroder und Rüben-köpfschlitten	Mieten-zudeck-maschinen
Halmfruchternte								Hackfruchternte				
LN	LN	LN	LN	LN	LN	LN	LN	LN	Kartoffel-anbaufl.	Kartoffel-anbaufl.	Rüben-anbaufl.	×
2	2—3			1	Werte streuen	1	1	1	Werte streuen stark	bis 100 ha = 1 bis 2 Maschinen bei mehr als 60 ha = auch bis 4 Maschinen	im allgemeinen 1 bis 2, selten mehr	nur in 30% der untersuchten Betriebe je 1 Exemplar
2—3	3—5	1	1	1—3 meist 2								
2—4	5—7					1—2	2					
3—5	8	2	2 selten 3	1—4 meist 3		1—4	3	1—2				
	10											

20 m² Maschinenstellfläche für die weniger empfindlichen Geräte sowie
7,5 m² Freifläche

zu rechnen, d. h. je Traktor sind insgesamt 62,5 m² Stellfläche nötig. Bei 2 Kraftfahrzeugen je 100 ha LN sind das 125 m² Stellfläche.

Sowohl die Werte von CORDS (16) wie die von NIEMKE (64) erscheinen, gemessen an den in der induktiven Betrachtung gewonnenen, recht gering. Daher wurde für die untersuchten Betriebe die Zahl der notwendigen Landmaschinen und Geräte, wie sie die induktive Betrachtung ergab (Tab. 8), mit dem mittleren Stellflächenbedarf (siehe unten) je Maschine multipliziert und die Summe dieser Einzelwerte auf je 100 ha LN bezogen. Diese Betrachtungsweise führte wiederum zu der Erkenntnis, daß 200 m² Maschinenstellfläche je 100 ha LN benötigt werden. In den Betrieben, die kleiner waren als 200 ha LN, wurden Werte zwischen 300 und 400 m² je 100 ha LN erreicht, bei den Betrieben, die über 1000 ha LN bewirtschafteten, erschienen 170 m² je 100 ha LN als ausreichend.

Die Differenz zwischen den Werten von CORDS (16), NIEMKE (64) und unseren Feststellungen ist durch das Fortschreiten in der Mechanisierung zu erklären. Zur Feststellung des mittleren Stellflächenbedarfes der verschiedenen Landmaschinen und Geräte wurden die Angaben der Landmaschinenliste (100), die Werte von CORDS (17) sowie die Ergebnisse eigener Messungen zugrunde gelegt. Die Stellfläche ist dabei das Produkt von größter Länge mal größter Breite. Das ist zwar insofern unrichtig, weil sich verschiedene Maschinen nach vorn oder hinten verjüngen und damit zwei Maschinen enger beieinander stehen können. Andererseits ist aber auch zu bedenken, daß um die Maschinen Platz bleiben muß, um sie einzeln erreichen oder bedienen zu können. So gleicht sich die Unkorrektheit wieder aus.

Für die überschlägliche Berechnung der Stellflächen wurden folgende Mittelwerte der in Großbetrieben gebräuchlichen Landmaschinen und Geräte zugrunde gelegt, von denen sich gezeigt hat, daß mit ihnen zufriedenstellende Ergebnisse zu erzielen sind:

Bodenbearbeitung	m²
Gespannpflüge	3
Gespanngrubber	5
Schlepperpflüge	10
Schleppergrubber	14
Scheibeneggen	12
Wiesenwalzen	8
Walzen	5

Ackerschleppen, Eggen und Wieseneggen bleiben unberücksichtigt.

Düngung und Bestellung	m²
Düngerstreuer	12
Pflanzlochmaschinen	8
Kartoffellegemaschinen	10
Drillmaschinen	16

Pflege	m²
Spritz- und Stäubegeräte	12
Hackmaschinen	16
Vielfachgeräte	9

Halmfruchternte	m²
Grasmäher	12
Heuwender	12
Schwadenrechen	18
Mähbinder	18
Mähdrescher	30
Sammelpressen	18
Dreschmaschinen	33
Schlepprechen	10
Heugebläse	6
Höhenförderer	25

Hackfruchternte	m²		m²
Krautschläger	9	Rübenvollerntemaschinen	22
Kartoffelroder	10	Rübenköpfschlitten	3
Kartoffelvollerntemaschinen	34	Kartoffelsortiermaschinen	12
Rübenroder	9	Mietenzudeckmaschinen	5

Über die Frage, welche Maschinen unterzustellen sind und welche unbedenklich im Freien verbleiben können, herrscht noch keine Klarheit. Sofern nicht alle Maschinen und Geräte untergestellt werden sollen, ist es noch am ehesten vertretbar, die aus gröberen Eisenteilen bestehenden und wenig rotierende Teile und Scharniere aufweisenden Geräte im Freien zu belassen. Hierzu dürften Pflüge, Grubber, Walzen und Schlepprechen zu zählen sein. Dabei sind die empfindlichen Teile in der Zeit, in der die Maschinen und Geräte nicht benutzt werden, mit einer Fettschicht zu überziehen.

Wir halten bei den angeführten Geräten ein Verbleiben im Freien für möglich und haben deshalb bei den untersuchten Betrieben errechnet, wie hoch der Anteil der Maschinenstellflächen an der gesamten Stellfläche ist. Er lag bei einem Variationskoeffizienten von nur 7% des Mittelwertes bei 24% der gesamten benötigten Stellfläche.

Die induktive Betrachtung hatte gezeigt, daß im Mittel aller untersuchten Betriebe die überdachte Fläche 51% der gesamten Maschinenstellfläche betrug. Somit fehlen im Mittel aller untersuchten Betriebe 25% der überdachten Maschinenstellfläche. Dabei bleibt unberücksichtigt, daß die vorhandene Maschinenschuppenfläche oftmals qualitativ zu wünschen übrig läßt.

d) Schlußfolgerung

Die Untersuchungen der notwendigen Maschinenstellflächen führten zu folgenden Ergebnissen:

1. Der Bedarf an Maschinenstellflächen wird weniger vom Betriebstyp als von der Betriebsgröße beeinflußt.
2. Es werden folgende Werte für richtig gehalten:

Betriebsgröße unter 200 ha LN	=	300 bis 400 m²/100 ha LN
Betriebsgröße über 200 bis unter 1000 ha LN	=	200 m²/100 ha LN
Betriebsgröße über 1000 ha LN	=	150 bis 200 m²/100 ha LN

3. Bisher war im Durchschnitt nur für 50% aller Maschinen und Geräte eine überdachte Unterstellfläche vorhanden. Für die Zukunft wird es als zweckmäßig angesehen, für 75% aller Maschinen und Geräte Unterstellschuppen zu schaffen. Entscheidend sind aber hierfür Rentabilitätsberechnungen, die erst noch durchgeführt werden müssen.
4. Bei den einzelnen Landmaschinen und Geräten wurde untersucht, welche Faktoren die Höhe ihres Besatzes beeinflussen, damit eine Berechnungsgrundlage für die Abmessungen der Maschinenschuppen unter den jeweils gegebenen Bedingungen vorhanden ist (Tab. 8).
5. Der Stellflächenbedarf der einzelnen Maschinen und Geräte ist der Übersicht auf Seite 125/6 zu entnehmen.

3. Stellflächen für Ackerwagen

a) Allgemeines

In keinem der untersuchten Betriebe war für die gummi- und eisenbereiften Ackerwagen ein überdachter Abstellplatz vorhanden. Die Ermittlung der Größe der Flächen, auf denen die Ackerwagen abgestellt waren, führte zu keinen brauchbaren Ergebnissen. Diese Flächen ließen sich oftmals nicht genau abgrenzen, weil fast nie alle Ackerwagen gleichzeitig und vielfach auch verteilt abgestellt waren. Hier lagen also etwas andere Verhältnisse vor als bei den Landmaschinenstellflächen. Infolgedessen erstrecken sich die Betrachtungen auf die Zahl der in den Betrieben vorhandenen Ackerwagen. In allen 40 Betrieben konnte die Zahl der gummibereiften Ackerwagen einschließlich der Anhänger ermittelt werden, die Zahl der eisenbereiften jedoch nur in 33 Betrieben. Die Stellfläche der Ackerwagen läßt sich leicht errechnen, wenn ein Platzbedarf von etwa 25 m² je Ackerwagen zugrunde gelegt wird.

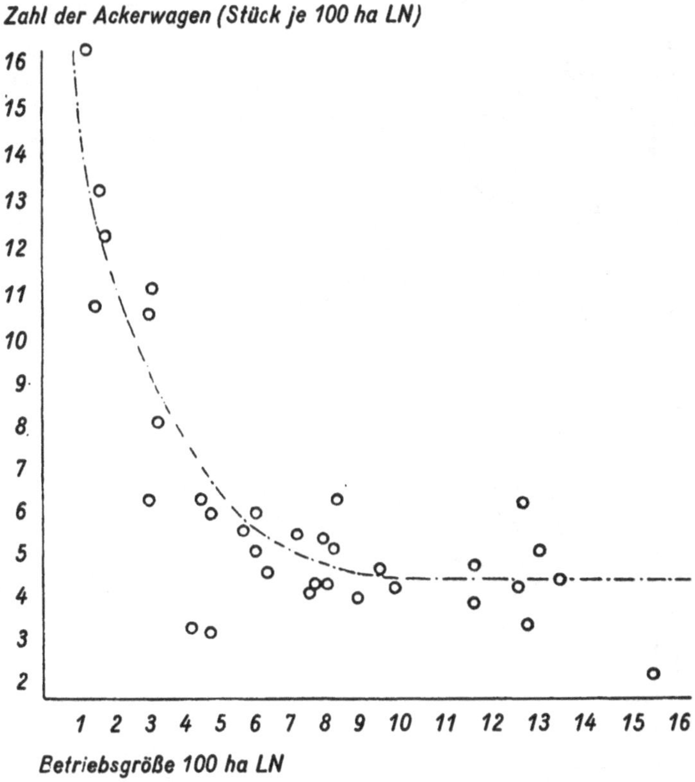

Abb. 43. Beziehungen zwischen der Betriebsgröße und der relativen Zahl der Ackerwagen (Summe der gummi- und eisenbereiften Wagen)

Mittelwert aller Betriebe = 6,3 Wagen/100 ha LN (s% = 49)
Mittelwert der Betriebe mit mehr als 300 ha LN = 4,8 Wagen/100 ha LN (s% = 20)

b) Induktive Betrachtung

Für den Stellflächenbedarf interessiert in erster Linie die Zahl der je 100 haLN vorhandenen Ackerwagen. Wie aus Abb. 43 hervorgeht, ist sie eine Funktion der Betriebsgröße. Im kleinsten untersuchten Betrieb waren 16 Ackerwagen je 100 ha LN vorhanden, im größten nur noch 2,5. Das bedeutet also, daß die relative Zahl der vorhandenen Ackerwagen mit zunehmender Betriebsgröße sinkt. Bei Betrieben über 300 ha LN beginnt sie konstanter zu werden, bei Betrieben über 500 ha LN ist sie bereits relativ konstant. Im Mittel aller untersuchten Betriebe waren 6,3 Ackerwagen je 100 ha LN (s% = 49) vorhanden, im Mittel der Betriebe mit mehr als 300 ha LN nur noch 4,8 (s% = 20). Bei der Wertung dieser Zahlen ist jedoch zu berücksichtigen, daß der Anteil der gummibereiften Ackerwagen und Anhänger an allen Ackerwagen nur 45% (s% = 36) betrug: Von den 969 Ackerwagen der untersuchten 33 Betriebe hatten nur 435 Gummibereifung. Abb. 44 zeigt, wieviel gummibereifte Ackerwagen je 100 ha LN in den untersuchten Betrieben zur Verfügung standen. Es war dabei festzustellen, daß der

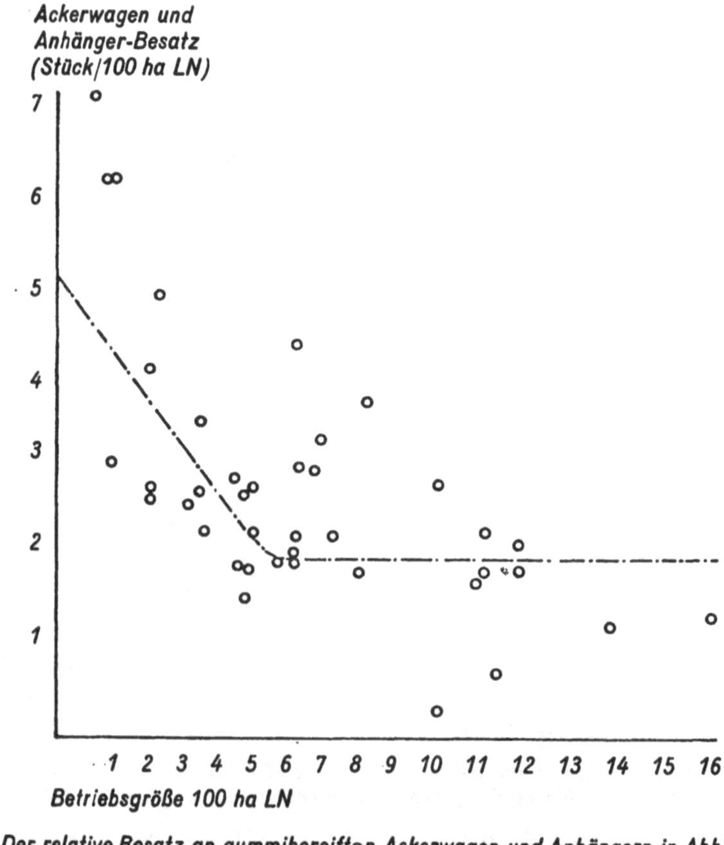

Abb. 44. Der relative Besatz an gummibereiften Ackerwagen und Anhängern in Abhängigkeit von der Betriebsgröße bei 40 untersuchten Betrieben

Anteil der gummibereiften Ackerwagen und Anhänger mit zunehmender Motorisierungsstufe zunimmt (Abb. 45). Im Mittel aller untersuchten Betriebe waren

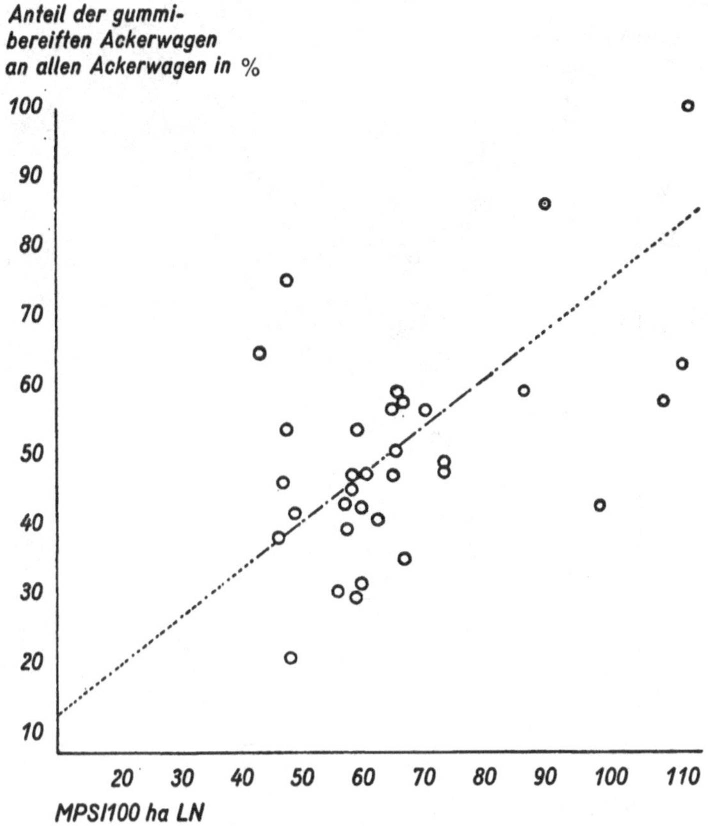

Abb. 45. Beziehungen zwischen dem relativen Besatz an motorischen Zugkräften und dem Anteil der gummibereiften Ackerwagen an allen Ackerwagen

1,9 gummibereifte Ackerwagen je Schlepper vorhanden (s% = 36) (Abb. 46). Das gewogene arithmetische Mittel betrug 1,7. Die Zahl der gummibereiften Ackerwagen in allen 40 untersuchten Betrieben betrug 530, d. h. im Mittel entfielen auf je 100 ha LN 2,2 gummibereifte Ackerwagen (Abb. 47).

Die Zahl der eisenbereiften Ackerwagen hing in den untersuchten Betrieben eng mit der Zahl der vorhandenen tierischen Zugkräfte zusammen (Abb. 48). Im Mittel aller Betriebe kamen auf eine Zugvieheinheit 0,6 Ackerwagen (s% = 58), unter Berücksichtigung nur der Betriebe mit mehr als 350 ha LN waren es 0,5 Wagen je Zugvieheinheit. Dasselbe wird in Abb. 49 deutlich, aus der hervorgeht, daß im Mittel 1,8 ZV je Ackerwagen (s% = 45) anzutreffen waren. Der Variationskoeffizient ist deswegen so hoch, weil die Zahl der Zugvieheinheiten je Ackerwagen in den kleineren Betrieben geringer ist als in den größeren. Dies läßt sich durch den relativ höheren Besatz an Ackerwagen in den kleineren Betrieben bei etwa gleichbleibendem Zugviehbesatz erklären. Im allgemeinen kann aber für Großbetriebe festgestellt werden, daß für einen eisenbereiften Ackerwagen etwa

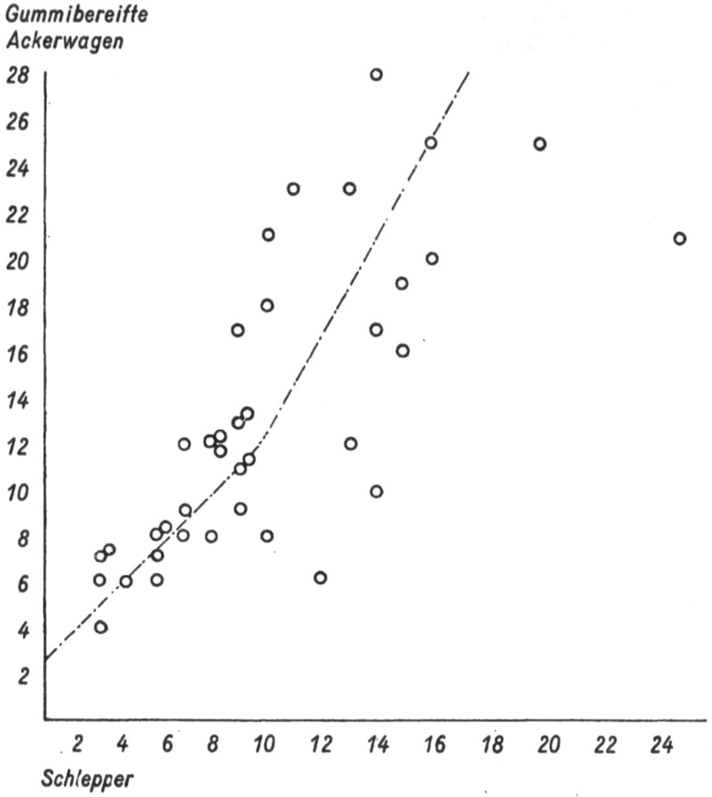

Abb. 46. Beziehungen zwischen der Zahl der Schlepper und der Zahl der gummibereiften Ackerwagen

Im Mittel waren 1,9 gummibereifte Ackerwagen auf 1 Schlepper vorhanden (s% = 36)

2 Pferde vorhanden sind. Diese Berechnung fußt auf der Hypothese, daß die gummibereiften Ackerwagen in erster Linie den Schleppern vorbehalten bleiben, während die „sonstigen", also die eisenbereiften Ackerwagen, von den Pferden gezogen werden. Das entspricht auch etwa den Verhältnissen der landwirtschaftlichen Praxis, wenngleich nicht ausgeschlossen ist, daß die gummibereiften Ackerwagen auch von Pferden gezogen werden. Damit ist jedoch erst dann in größerem Umfang zu rechnen, wenn der Anteil der gummibereiften Ackerwagen höher liegt als in der Gegenwart.

c) Deduktive Betrachtung

Im Schrifttum waren keinerlei Angaben darüber zu finden, wieviel Ackerwagen bei den einzelnen Betriebsgrößen benötigt werden. Die Ergebnisse der induktiven

Betrachtung sind indessen relativ eindeutig, so daß ihnen einige Sicherheit beizumessen ist.
Zu überlegen bleibt jedoch noch, daß der Anteil der gummibereiften Ackerwagen und Anhänger künftig noch steigen wird. Damit dürfte sich die Zahl der eisenbereiften Ackerwagen stärker verringern, als die Zahl der gummibereiften Ackerwagen und Anhänger zunimmt, weil die gummibereiften Ackerwagen und Anhänger ein größeres Transportvolumen und somit eine höhere Transportkapazität haben als die eisenbereiften Ackerwagen. Zwar liegen noch keine Unter-

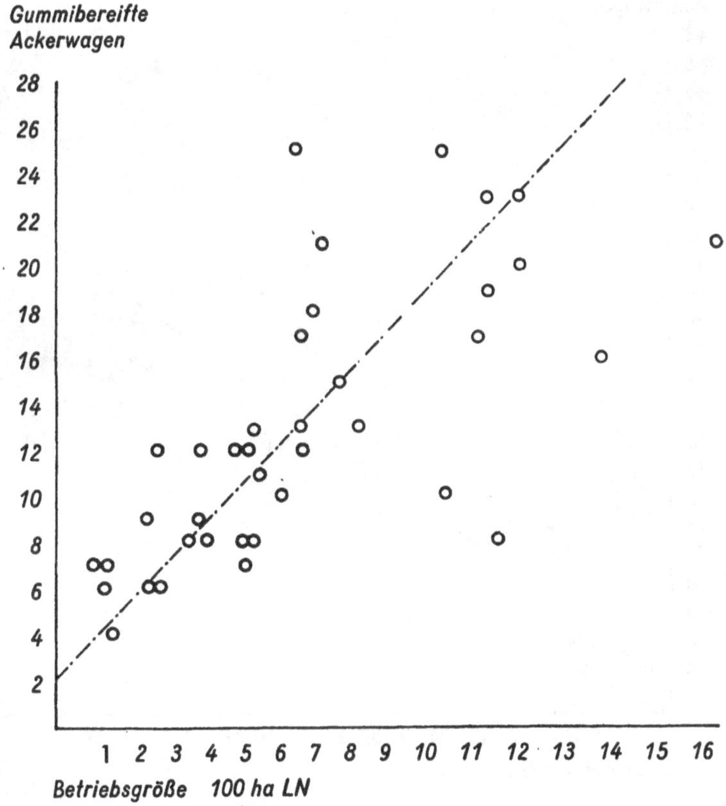

Abb. 47. Beziehungen zwischen der Betriebsgröße und der Zahl der gummibereiften Ackerwagen

Im Mittel waren 2,2 gummibereifte Ackerwagen je 100 ha LN vorhanden

suchungen vor, die Aufschluß über den Umrechnungskoeffizienten geben, doch dürfte man mit der Annahme nicht fehlgehen, daß sich die Zahl von 4,8 Ackerwagen je 100 ha LN beim Ansteigen des Anteiles der gummibereiften Wagen auf einen Wert vermindert, der bei 4 Wagen je 100 ha LN liegt. Das bedeutet also, daß etwa 100 m² Wagenstellfläche je 100 ha LN ausreichen dürften.

d) Schlußfolgerung

Die Untersuchungen der Wagenstellflächen führten zu folgenden Ergebnissen:

1. In keinem der untersuchten Betriebe war eine überdachte Wagenstellfläche vorhanden. Ob überdachte Wagenstellflächen künftig notwendig sind, muß eine noch durchzuführende Rentabilitätsberechnung ergeben.

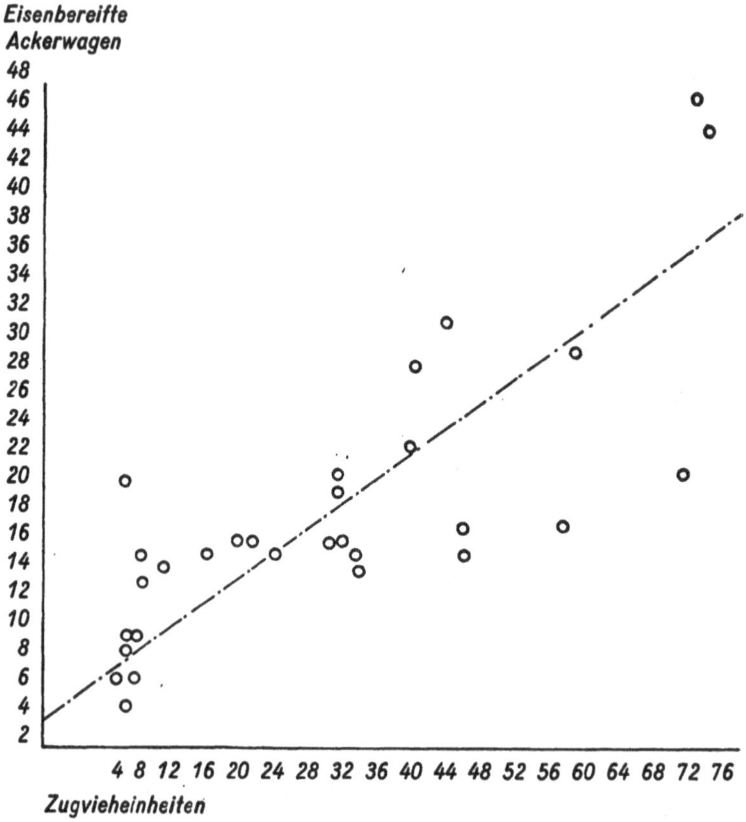

Abb. 48. Beziehungen zwischen der Zahl der Zugvieheinheiten und der Zahl der eisenbereiften Ackerwagen

Mittelwert aller Betriebe = 0,6 Wagen / ZV (s% = 58)
Mittelwert der Betriebe mit mehr als 350 ha LN = 0,5 Wagen / ZV (s% = 31), also: 2 Pferde = 1 Wagen.

2. Nur 45% aller Wagen waren mit Gummibereifung versehen.
3. Die Zahl der je 100 ha LN vorhandenen Ackerwagen nimmt mit zunehmender Betriebsgröße ab. Im Mittel der Betriebe mit mehr als 300 ha LN waren 4,8 Ackerwagen je 100 ha LN vorhanden.

4. Als Mittelwerte können gelten:
   Für 1 Gespann (2 Pferde) = 1 eisenbereifter Ackerwagen,
   für 1 Schlepper = 2 gummibereifte Ackerwagen oder Anhänger.

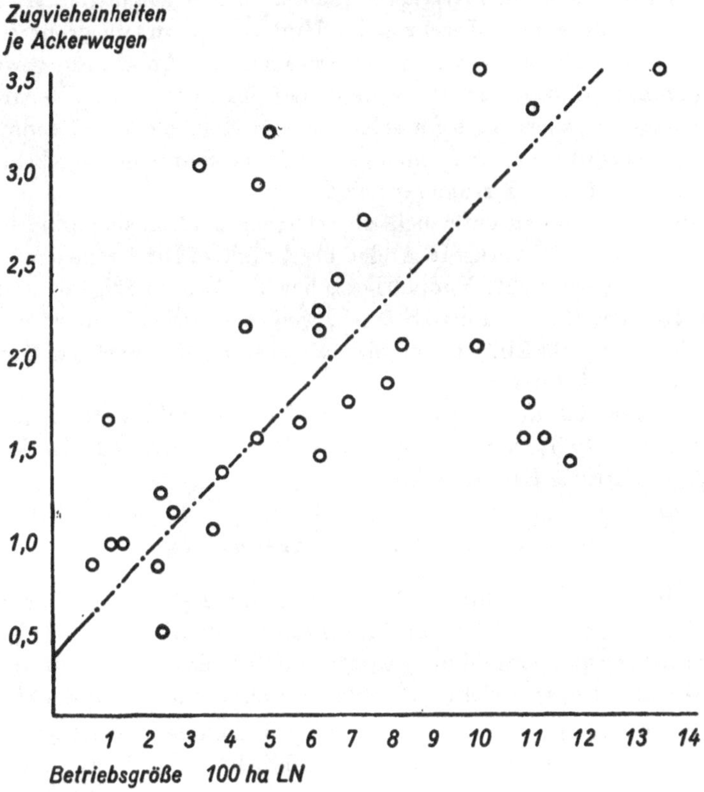

Abb. 49. Beziehungen zwischen der Betriebsgröße und der Zahl der Zugvieheinheiten je Ackerwagen

Im Mittel = 1,8 ZV / Ackerwagen (s% = 45)

5. Mit zunehmendem Anteil von gummibereiften Wagen wird mit einer Verringerung der Wagenzahl insgesamt gerechnet. Für die Zukunft wird ein Wert für richtig angesehen, der bei 4 Wagen je 100 ha LN liegt.
6. Unter Berücksichtigung eines Stellflächenbedarfes von etwa 25 m² je Ackerwagen (bzw. Anhänger) erscheint eine Wagenstellfläche von etwa 100 m² für 100 ha LN als ausreichend.

4. Werkstätten

a) Allgemeines

Betriebseigene Werkstätten sind unerläßlich, um die volle Einsatzbereitschaft der landtechnischen Hilfsmittel zu sichern. Schmiede und Stellmacherei waren schon früher integrierende Bestandteile landwirtschaftlicher Großbetriebe. In neuerer Zeit sind mit zunehmender Mechanisierung der Landarbeit auch mechanische Werkstätten (Schlossereien) dazugekommen. Gleichzeitig änderten sich die Aufgaben der einzelnen Werkstatträume. In den Schmieden tritt das Beschlagen der Pferde mehr und mehr in den Hintergrund und die gröberen Reparaturen an Landmaschinen, Geräten, Ackerwagen und Anhängern gewinnen zunehmend an Bedeutung. Die Stellmacherei dient nicht nur für die Reparaturen an den Ackerwagen, sondern auch für solche an den Holzteilen der Landmaschinen, Schlepper, Lastkraftwagen und Anhänger. In der mechanischen Werkstatt werden vornehmlich die Motorfahrzeuge repariert.

Die Feststellungen in den untersuchten Betrieben mußten sich erklärlicherweise auf die Ermittlung der Werkstattgrößen beschränken. Die Größe der Werkstattfläche kann indessen nichts Endgültiges über die Zweckmäßigkeit und die Eignung des Raumes für den Betrieb sagen, weil diese sehr abhängen von der Relation Breite : Tiefe, der Einrichtung, dem Reparaturanfall und dem Dispositionsvermögen des Werkstattleiters.

Immerhin ließen sich aus den festgestellten Werten sehr wesentliche Anhaltspunkte ermitteln. In der Mehrzahl der Fälle waren die vorhandenen Werkstätten für den gegenwärtigen Bedarf zu klein.

b) Induktive Betrachtung

Die Größe der Werkstätten hing in den untersuchten Betrieben von der Größe der landwirtschaftlichen Nutzfläche ab, die ihrerseits den Umfang der landtechnischen Ausrüstung und damit den Reparaturanfall beeinflußt. Ein Zusammenhang mit dem Betriebstyp war nicht zu erkennen und ist auch nicht denkbar.

Abb. 50 spiegelt die Beziehungen wider, die zwischen der Betriebsgröße und der Gesamtfläche aller Werkstätten einschließlich der Reparaturstände bestehen.

Über die Größe der Stellmachereien berichtet Abb. 51.

Ähnlich liegen die Verhältnisse bei den Schmiedewerkstätten, was aus Abb. 52 hervorgeht.

Die mechanischen Werkstätten (Schlossereien) (Abb. 53) dagegen waren erst in Betrieben anzutreffen, die mehr als 200 ha LN bewirtschafteten.

Zu den Werkstätten gehören auch noch Nebenräume:

zur Stellmacherei:	eine überdachte Holzlagerfläche;
zur Schmiede:	Eisenlager, Ersatzteillager für Landmaschinen und Geräte;
zur Schlosserei:	Ersatzteillager für Schlepper und andere Kraftfahrzeuge sowie Motoren, Reifenlager.

Außerdem ist es günstig, wenn einige Werkzeuge in Reserve gehalten werden können.

Ersatzteillager bestanden nur bei 19 von 40 Betrieben (= 47,5%). Meist wurden dafür irgendwelche anderweit nicht mehr beanspruchte Nebenräume verwendet, so daß hinsichtlich ihrer Größe keinerlei Gesetzmäßigkeiten zu erkennen waren. Die Größen der Werkstattnebenräume (Ersatzteillager) streuten in dem Bereich von 10 bis 190 m², wobei weder die Betriebs- noch die Werkstattgrößen die Größe der Ersatzteillager irgendwie beeinflußten. Deswegen läßt sich die Größe der künftig benötigten Ersatzteillager nur rechnerisch ermitteln.

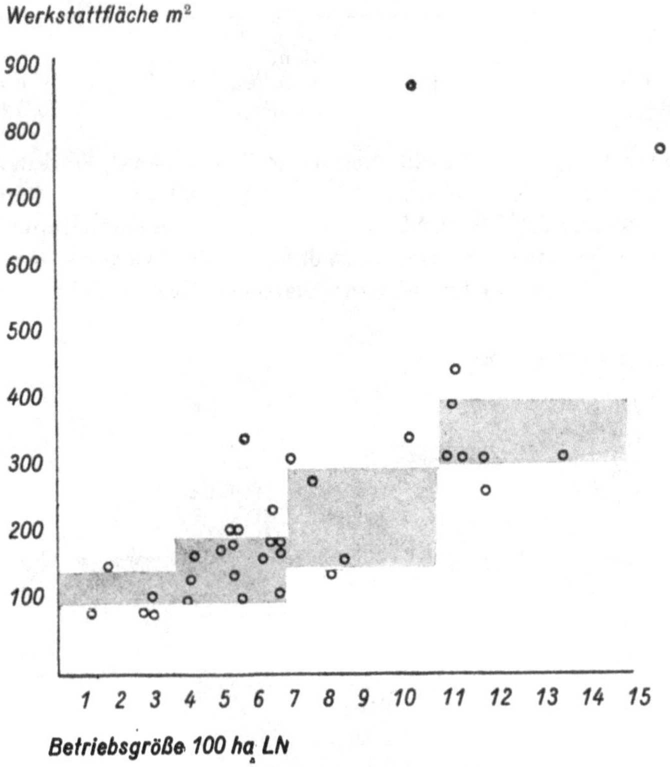

bis 300 ha = 100 bis 150 m²
300 bis 600 ha = 100 bis 200 m²
600 bis 1000 ha = 150 bis 300 m²
1000 bis 1600 ha = 300 bis 400 m²

Abb. 50. Beziehungen zwischen der Betriebsgröße und der Gesamtfläche aller Werkstätten einschließlich Reparaturständen

c) Deduktive Betrachtung

Im Schrifttum ist bisher sehr wenig über die Werkstätten gesagt worden. Lediglich GRAESER (23) hat sich 1944 ausführlich hierzu geäußert und dabei die Erfahrungen der Vergangenheit berücksichtigt. CORDS (16) weist darauf hin, daß in Großbetrieben ab 75 bis 100 ha Betriebsgröße ein Fachmann für die Holzbearbeitung und ab 100 bis 150 ha ein solcher für die Maschinenunterhaltung vorhanden sein wird. Im übrigen gibt er folgenden Raumbedarf an:

Art der Werkstatt	Platzbedarf für	
	die erste Arbeitskraft	jede weitere Arbeitskraft
Stellmacherei	40 m²	•
Maschinenschlosserei . .	40 m²	je 30 bis 20 m²
Schmiede	30 m²	je 20 m²

Außerdem wird angeführt: Beschlagraum 4×6 m = 24 m², Werkraum zwischen Schlosserei und Schmiede mindestens 6×10 m = 60 m².

NIEMKE (64) und HERRMANN (30) berücksichtigen speziell die Verhältnisse von Maschinen-Traktoren-Stationen, so daß auch ihre Angaben nur als Anhalts- und nicht als Richtwerte für landwirtschaftliche Großbetriebe gelten können.

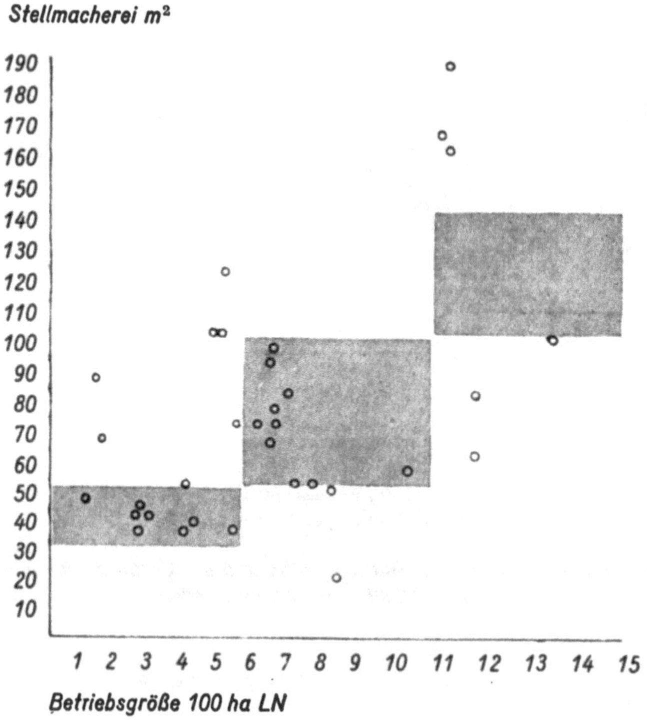

bis 500 ha = 30 bis 50 m²
500 bis 1000 ha = 50 bis 100 m²
über 1000 ha = über 100 m²

Abb. 51. Beziehungen zwischen der Betriebsgröße und der Größe der Stellmacherei

Eigene Überlegungen sind dadurch erschwert, daß keinerlei Unterlagen über den Reparaturanfall bei den landtechnischen Hilfsmitteln landwirtschaftlicher Großbetriebe vorliegen. Selbst die Maschinen-Traktoren-Stationen verfügen nicht über derartige Ergebnisse. Sie ließen sich indessen relativ leicht beschaffen, wenn in einigen geeigneten Betrieben Reparaturkarteien geführt würden, die dann entsprechend auszuwerten wären. Der Reparaturanfall wird stets eine Funktion der Betriebsgröße und damit des Umfanges der landtechnischen Ausrüstung sowie deren Qualität, Alter und Erhaltungszustand sein.

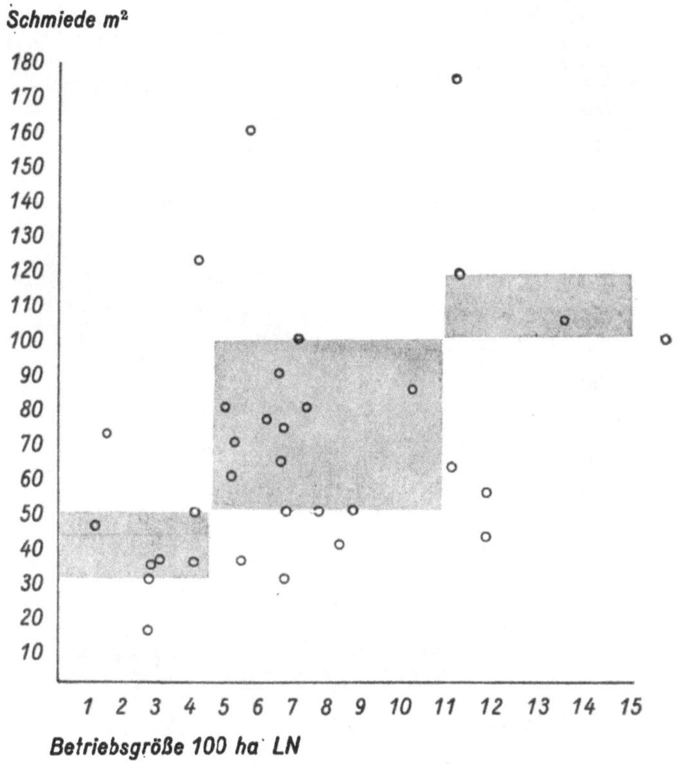

bis 400 ha = 30 bis 50 m²
400 bis 1000 ha = 50 bis 100 m²
1000 bis 1500 ha = 100 bis 120 m²

Abb. 52. Beziehungen zwischen der Betriebsgröße und der Größe der Schmiedewerkstatt

Weil derartige Untersuchungsergebnisse vorerst noch nicht vorliegen, muß gegenwärtig noch mit Erfahrungswerten und Hypothesen gearbeitet werden. Den Berechnungen liegen deswegen folgende Werte zugrunde:

Anzahl der Schlepper	Entspricht etwa Betriebsgröße	Reparaturplätze in der		
		Stellmacherei	Schmiede	Schlosserei
bis 4	bis 200 ha	1	1	—
5 bis 10 . . .	bis 500 ha	1	1	1
11 bis 20 . . .	bis 1000 ha	1	2	1
über 20 . . .	über 1000 ha	1	3	2

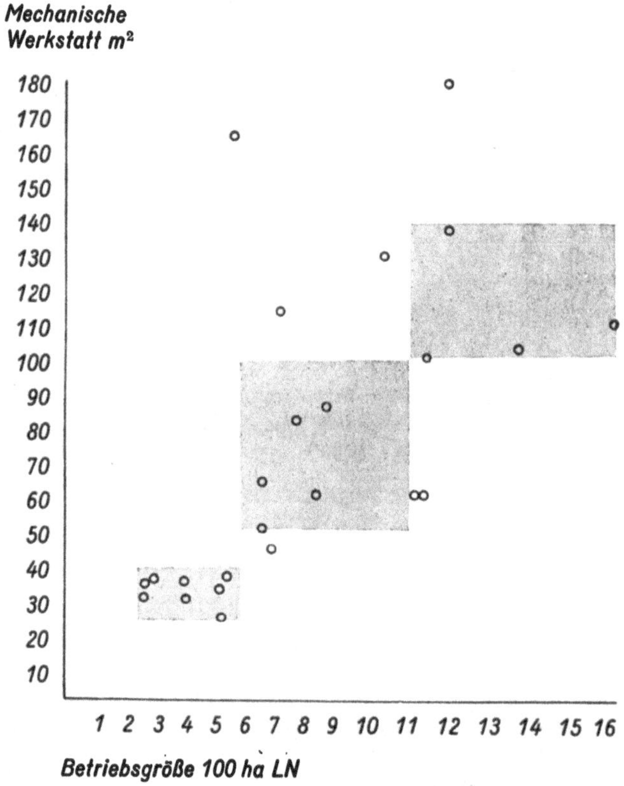

unter 200 ha = keine Werkstatt
200 bis 500 ha = 25 bis 40 m²
500 bis 1000 ha = 50 bis 100 m²
1000 bis 1600 ha = 100 bis 140 m²

Abb. 53. Beziehungen zwischen der Betriebsgröße und der Größe der mechanischen Werkstatt

Diese Übersicht kann nur Näherungswerte geben, weil Übergangsformen durchaus denkbar sind. Grundsätzlich wird eine Trennung in Stellmacherei, Schmiede und Schlosserei für richtig befunden. Es kommt in der Übersicht zum Ausdruck, daß bei einer geringen Anzahl von Schleppern, hier mit 4 angegeben, noch keine mechanische Werkstatt erforderlich ist. Die notwendigen Reparaturen können entweder in der Schmiede mit ausgeführt oder durch eine betriebsfremde Werkstatt vorgenommen werden. Bis zu einem Besatz von 20 Schleppern wird ein Reparaturplatz als ausreichend angesehen. Dabei ist daran gedacht, daß die Werkstatt noch ein Vordach aufweist, unter dem sich in der Haupteinsatzzeit kleinere Reparaturen ausführen lassen. Außerdem besteht, sofern 11 bis 20 Schlepper vorhanden sind, die Ausweichmöglichkeit auf den zweiten Landmaschinenreparaturplatz in der Schmiede. Für die kalte Jahreszeit, in der ohnehin selten alle Schlepper zugleich im Einsatz sind, dürfte ein Reparaturplatz für den Besatz bis zu 20 Schleppern vollkommen ausreichen. Eine noch größere Anzahl von Schleppern wird in landwirtschaftlichen Großbetrieben nur selten vorhanden sein, obwohl es nicht ganz ausgeschlossen ist. In diesen Fällen empfiehlt es sich, die Zahl der Reparaturplätze für Schlepper und für Landmaschinen um je einen zu erhöhen. Selbstverständlich dürfen hier nicht die Schlepper gesondert betrachtet, es müssen vielmehr hierbei auch die Lastkraftwagen und die motorisierten Landmaschinen mit berücksichtigt werden.

Die Stellmacherei wird von der Betriebsgröße weniger beeinflußt, wobei wir die Ansicht vertreten, daß in der Stellmacherei nur noch in geringem Umfang Reparaturen durchgeführt zu werden brauchen. Mit zunehmender Mechanisierung der Landarbeit wird sich der Aufgabenbereich des holzbearbeitenden Handwerkers immer mehr auf eine Ergänzung der Tätigkeit der metallverarbeitenden Handwerker beschränken. Infolgedessen werden künftig die Holzteile in der Stellmacherei nur noch zubereitet, jedoch auf den Reparaturplätzen der Schmiede oder eventuell der Schlosserei montiert werden.

Die Größe des Reparaturplatzes ergibt sich aus der Summe der Standfläche der zu reparierenden Maschine und dem notwendigen Arbeitsraum um die zu reparierende Maschine. Für Schlepper- und für Landmaschinenreparaturplätze kann die Größe mit je 40 m² angenommen werden. Darüber hinaus sind noch weitere Werkstattflächen notwendig, auf denen die Werkstattmaschinen und die Arbeitstische (Werkbänke) stehen. Für die zweckmäßige Einrichtung der Werkstätten werden folgende Maschinen und Gegenstände für notwendig befunden, wobei die angegebene Ausrüstung für jede unter normalen Verhältnissen denkbare Betriebsgröße ausreichen dürfte:

Stellmacherei: Kombinierte Hobelmaschine, Abrichte und Fräse sowie Kreissäge, Bandsäge, Leimofen, Hobelbank und Sandschleifstein.

Schmiede: Schmiedeesse mit 2 Pfannen, Amboß, Federhammer, Schleifbock, Biegemaschine für Reifen, Werkbank mit 2 bis 3 Schraubstöcken (1,0 bis 1,5 m Breite je Arbeitsplatz).

Schlosserei: Drehbank, Säulenbohrmaschine, Autogenschweißgerät, elektrisches Schweißgerät, Sandschleifstein, Tischschleifbock, Kompressor, Spindelpresse, Schere, Ladegerät, Werkbank mit 2 bis 3 Schraubstöcken (1,0 bis 1,5 m Breite je Arbeitsplatz) und Tischbohrmaschine sowie Montagegrube, Laufkatze und Montagebock.

Die Größe der Stellmacherei richtet sich nach der Länge der zu bearbeitenden Bretter, die maximal mit 6 m angenommen werden kann. Danach ergibt sich eine

Raumlänge von 12 m, der am zweckmäßigsten eine Raumbreite von 6 m entspricht, so daß die Stellmacherei 72 m² groß ist. Die in der Praxis gebräuchlichen Stellmacherwerkstätten wurden im allgemeinen in dieser Größe ausgemessen. In einigen Fällen waren sie auch größer, wenn sich das Holzlager im gleichen Raum befand. Zweckmäßigerweise wird es jedoch vom eigentlichen Werkstattraum getrennt. In kleineren Betrieben waren die Stellmacherwerkstätten auch kleiner. Eine Verkleinerung ist möglich, wenn Öffnungen in den Wänden das Durchschieben der Bretter gestatten.

Die Größe der Schmiede und der mechanischen Werkstatt ergibt sich, wenn um den Reparaturplatz in der Größe 8 × 5 m ein Platz von jeweils 1,5 m Breite für das Aufstellen der Werkstattmaschinen und der Werkbänke vorgesehen wird. Lediglich an der Einfahrtseite ist dieser Platz von 1,5 m Breite nicht nötig. Dies entspricht dann einer Werkstattbreite von 8 m und einer Tiefe von 9,5 m, so daß die Werkstätten mit 76 m² bemessen werden können. Werden Werkstattmaschinen und Werkbänke getrennt vom Reparaturstand aufgestellt, dann dürften 40 m² Fläche ausreichend sein. Ist mehr als ein Reparaturstand vorgesehen, dann vergrößert sich die Werkstatt um jeweils 40 m² (Größe eines Reparaturstandes von 8 × 5 m).

Entsprechend der auf Seite 138 aufgestellten Hypothese wären somit folgende Werkstattgrößen notwendig:

Anzahl der Schlepper	Entspricht etwa Betriebsgröße	Stellmacherei	Schmiede[1]	Schlosserei	Zusammen
		einschließlich Reparaturplätzen			
		m²	m²	m²	m²
bis 4	bis 200 ha	70	75	×	145
5 bis 10	bis 500 ha	70	75	75	220
11 bis 20	bis 1000 ha	70	115	75	260
über 20	über 1000 ha	70	155	115	340

[1]) Hier auch Landmaschinenreparaturplätze.

Unter Berücksichtigung dieser Zahlen wurden die Werkstattgrößen (Summe aller Werkstätten) der untersuchten Betriebe durchgerechnet. Dabei ergab sich folgendes Bild:

Zahl der Betriebe	Betriebsgrößenklasse	Vorhandene durchschnittliche Werkstattgrößen	% des vorgeschlagenen Bedarfes
13	200 bis 500 ha	165 m²	75
13	500 bis 1000 ha	205 m²	79
8	über 1000 ha	350 m²	103

Diese Werte bestätigen die während der Untersuchung gewonnene Erkenntnis, daß die vorhandenen Werkstatträume zu klein sind. Dabei zeigt sich wie schon in vorangegangenen Kapiteln, daß die vorhandene Gebäudesubstanz quantitativ mindestens um 25% zu klein ist. Wenn die Betriebe über 1000 ha ausreichend große Werkstatträume haben, so ist das in der Mehrzahl der Fälle dadurch zu erklären, daß noch Gebäude zur Verfügung standen, die zum Unterstellen oder zur Reparatur von Dampfpflugsätzen oder Lokomobilen gedient hatten.

Gleichzeitig ist jedoch auch zu erkennen, daß die vorgeschlagenen Werkstattgrößen im Rahmen des notwendigen Bedarfes liegen.

Für die Lagerung der notwendigen Ersatzteile für Traktoren, Landmaschinen und Geräte sowie für die Aufbewahrung der Gummireifen und -schläuche sind nach den bisher vorliegenden Erfahrungen 5 m² je Schlepper notwendig. Dabei können etwa

1 m² für die Schlepperersatzteile,
1 m² für die Gummibereifung und
3 m² für die Ersatzteile der zu den Schleppern gehörenden Landmaschinen und Geräte

gerechnet werden. Hierbei ist berücksichtigt, daß das Material übersichtlich in Regalen lagert und daß ein Vorrat vorhanden ist, der einen normalen, störungsfreien Ablauf der Reparaturarbeiten gewährleistet. Es kann indessen angenommen werden, daß sich der Flächenbedarf für das Ersatzteillager mit zunehmender Betriebsgröße verringert. Zu den vorgeschlagenen Werkstattgrößen werden daher folgende Ersatzteillager benötigt:

Betriebsgrößenklasse	Schmiede m²	Schlosserei m²	Hierzu Ersatzteillager m²
bis 200 ha	75	—	20
200 bis 500 ha	75	75	40 bis 50
500 bis 1000 ha	115	75	70 bis 100
über 1000 ha	155	115	100 bis 150

Schwieriger ist das für die Stellmacherei notwendige Holzlager zu berechnen. Es darf nicht zu klein sein, damit trockenes, abgelagertes Holz verarbeitet werden kann. Die untersuchten Betriebe ergaben hierfür sehr unterschiedliche Werte. Es wird dennoch nicht für abwegig gehalten, wenn

Betriebe bis 200 ha mindestens 100 m²
Betriebe von 200 bis 500 ha mindestens 200 m²
Betriebe von 500 bis 1000 ha mindestens 300 m² und
Betriebe mit mehr als 1000 ha mindestens 400 m²

überdachte Holzlagerfläche vorsehen, die nicht unbedingt in unmittelbarem Zusammenhang mit der Stellmacherei stehen muß. Außerdem sollte bei der Bauplanung mindestens die doppelte Fläche für die Lagerung von Holz im Freien vorgesehen werden.

In einigen Betrieben war auch eine Sattlerei vorhanden. Sofern diese gegenwärtig als betriebseigene Werkstatt noch benötigt wird, dürfte ein Raum mit 20 m² ausreichen.

d) Schlußfolgerung

Die Untersuchungen des notwendigen Werkstattbedarfes führten zu folgenden Ergebnissen:

1. In Großbetrieben ist eine Trennung notwendig in
   Stellmacherei,
   Schmiede und
   mechanische Werkstatt (Schlosserei).
2. Die Größe der Werkstätten hängt von der Betriebsgröße ab.
3. Die in der Praxis vorhandenen Werkstätten sind, vor allem in den kleineren Betriebsgrößenklassen, durchschnittlich um etwa 25% zu klein.
4. Für die künftige Bauplanung wird vorgeschlagen:

Betriebsgrößenklasse	Schlosserei m²	Schmiede m²	Ersatzteillager m²	Stellmacherei m²	Holzlager überdacht m²
bis 200 ha LN	0	75	20	70	100
200 bis 500 ha LN	75	75	40 bis 50	70	200
500 bis 1000 ha LN	75	115	70 bis 100	70	300
über 1000 ha LN	115	155	100 bis 150	70	400

5. Außerdem sollte die Bauplanung für weitere Holzlagerung im Freien Flächen vorsehen, die etwa die doppelte Größe der Flächen haben, die als überdachte Holzlager geplant werden.
6. Sofern Sattlerwerkstätten benötigt werden, sind 20 m² ausreichend.

5. Tankstellen

a) Allgemeines

Die zunehmende Motorisierung der Landwirtschaft macht eine geregelte Treibstoffversorgung der Schlepper unerläßlich. Zapfsäulen ermöglichen ein rationelleres, kontrollierbareres Tanken mit geringerem Arbeitsaufwand, als es beim Tanken aus Fässern der Fall ist. Die untersuchten Betriebe wurden deshalb im Untersuchungszeitraum mit Tankstellen ausgerüstet. 23 von 40 Betrieben (=58%) hatten bereits Tankstellen, während bei den übrigen Betrieben noch aus den gebräuchlichen 200-Liter-Fässern getankt wurde. Es lag daher nahe, zu untersuchen, welche Mengen Treibstoff für die einzelnen Kraftfahrzeuge eingelagert waren. In den untersuchten Betrieben konnte das Fassungsvermögen der Tankstellen ermittelt werden. Diese Menge wurde der Zahl von Schleppern und Lastkraftwagen gegenübergestellt, die auf Dieseltreibstoff angewiesen waren. Dabei galt als Bezugsgröße die Zahl der erforderlichen Garagenplätze, weil sie für die

Bauplanung die einzig reale Berechnungsbasis darstellt. Mähdrescher blieben jedoch unberücksichtigt, weil für sie nur kurze Zeit Treibstoff benötigt wird. Die Betriebe waren mit Tankstellen nur in dem Maße ausgerüstet worden, wie gerade Zapfsäulen zur Verfügung standen, ohne daß wesentliche betriebswirtschaftliche Berechnungen durchgeführt worden wären. Dennoch führte die Untersuchung zu befriedigenden Ergebnissen.

b) Induktive Betrachtung

Wie aus Abb. 54 hervorgeht, nimmt das Fassungsvermögen der Tankstellen mit zunehmender Zahl von Dieselfahrzeugen zu. Im Mittel aller Betriebe war festzustellen, daß je Dieselfahrzeug 1120 l eingelagert werden konnten. Die hohe

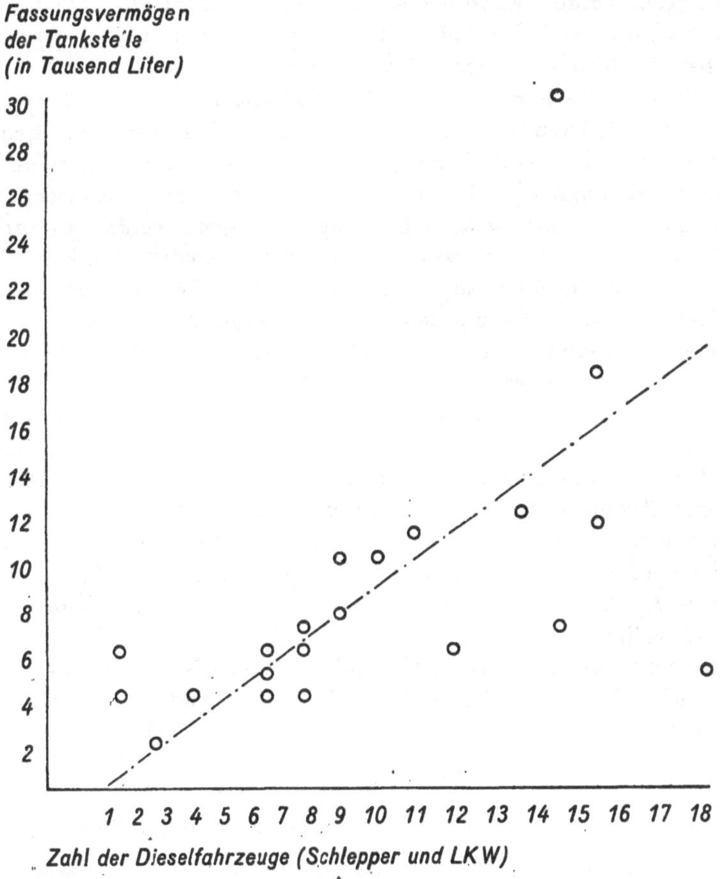

Abb. 54. Beziehungen zwischen der Zahl der Dieselfahrzeuge und der Kapazität der Tankstelle für Dieseltreibstoff

Im Mittel: 1120 l je Dieselfahrzeug (s% = 70)

Streuung von 70% des Mittelwertes ist lediglich durch zwei Betriebe mit sehr extremen Werten zu erklären.
Acht von den mit Tankstellen ausgerüsteten Betrieben hatten neben den Dieselbehältern auch noch Zapfstellen für Benzin. Vier der Betriebe besaßen wiederum einen mit Vergasertreibstoff anzutreibenden Mähdrescher. Alle acht Betriebe hatten sonst Personenkraftwagen und Motorräder. Im Durchschnitt faßten die Benzinbehälter 2000 l. In allen anderen Betrieben tankten die Personenkraftwagen, Motorräder, Mähdrescher und sonstigen Kraftfahrzeuge mit Vergasermotor aus Fässern.

c) Deduktive Betrachtung

Verständlicherweise hängt die Menge des im Betrieb einzulagernden Treibstoffes sehr von der Bezugslage ab. Dennoch darf eine gewisse Mindestmenge nicht unterschritten werden, wenn der Einsatz der Kraftfahrzeuge nicht stocken soll. Der gebräuchlichste Schlepper in den untersuchten Betrieben war der 40-PS-Schlepper. Es liegt deswegen nahe, diese Schleppergröße zur Berechnung des Tankstellenbedarfes heranzuziehen. Der normale Tagesbedarf dieses Schleppers läßt sich mit 40 Litern Dieselöl angeben, wobei nicht ausgeschlossen ist, daß in Spitzenzeiten auch 80 Liter benötigt werden und daß es Tage gibt, an denen kein Treibstoff verbraucht wird. Somit reicht der Vorrat von 1120 Liter je Schlepper, der im Mittel der untersuchten Betriebe eingelagert werden konnte, für etwa einen Monat aus. Dieser Zeitraum genügt, weil es möglich sein kann, den Vorrat in einem Monat auffüllen zu lassen. Zu beachten ist dabei lediglich, daß die Kapazität der Tankstellen mit denen der Tankwagen abgestimmt sein muß, damit eine Tankwagenfüllung von etwa 6000 Liter gänzlich in die Behälter der Tankstelle entleert werden kann.
Eine besondere Zapfstelle für Benzin erscheint indessen nicht unbedingt nötig, weil die Motore mit Vergasertreibstoff zum Antrieb der Landmaschinen künftig in stärkerem Umfang durch Dieselmotore ersetzt werden dürften. Bei den Personenkraftwagen und Motorrädern, die noch im Betrieb verbleiben und auf Benzin angewiesen sind, dürfte unter normalen Verhältnissen der monatliche Bedarf 200 Liter nicht übersteigen, so daß eine Zapfsäule mit einem Fassungsvermögen von 2000 Litern nicht gerechtfertigt erscheint. Vielmehr genügt ein Benzinfaß völlig.
Für Öle und Fette wird bei Betrieben bis 500 ha LN ein Raum von etwa 10 m² für ausreichend erachtet, bei größeren Betrieben sind Räume von etwa 20 m² angebracht.

d) Schlußfolgerung

Die Untersuchungen der Tankstellen führten zu folgenden Ergebnissen:

1. Für die Dieselfahrzeuge (Schlepper und Lastkraftwagen) erscheint die Einlagerung eines Monatsbedarfes ausreichend. Dieser kann je Dieselfahrzeug im Durchschnitt mit 1000 bis 1200 Litern angegeben werden. Die Bauplanung sollte diese Menge je Garagenplatz vorsehen.

2. Für Benzin wird keine Zapfsäule für nötig befunden. Die Benzinbevorratung im Faß reicht aus.
3. Für Öle und Schmierfette werden Räume von 10 m² für Betriebe bis zu 500 ha LN, etwa 20 m² bei größeren Betrieben als geeignet angesehen.

6. Materiallager

a) Allgemeines

Jeder Betrieb hat einen gewissen Bedarf an Arbeitsschutzkleidung, Bindegarn, Farben, Handgeräten, Körben und anderen Materialien, für die bei der Bauplanung ebenfalls ein Raum vorzusehen ist. Oftmals werden diese Dinge auf dem Speicher gelagert, doch ist es zweckmäßig, hierfür einen besonderen Raum vorzusehen. In den untersuchten Betrieben war das in sehr unterschiedlichem Maße der Fall. Meist dienten hierfür Räume, die früher eine andere Bestimmung erfüllt hatten. Sie waren auch sehr unterschiedlich ausgestattet, teils ganz ohne Inneneinrichtung, in einigen Fällen mit Regalen in den Räumen, deren Größe aber von Betrieb zu Betrieb sehr schwankte. Insgesamt fällt es schwer, aus den gefundenen Werten eine Schlußfolgerung zu ziehen; es ist außerdem noch zu bedenken, daß die unterschiedlichen Bezugsmöglichkeiten die Raumbemessung entscheidend mit beeinflussen.

b) Induktive Betrachtung

Besondere Materiallagerräume waren in 30 von 40 untersuchten Betrieben (= 75%) vorhanden. Die ermittelten Werte ihrer Raumgrößen zeigten aus den geschilderten Gründen keine einheitliche Tendenz, doch war eine gewisse Abhängigkeit von der Betriebsgröße festzustellen.

In Tierzuchtbetrieben wurden außerdem noch Versandkisten für Schweine gelagert, wofür einfache Schuppen genügten. Über den Platzbedarf lassen sich keine genauen Angaben machen, doch muß die Bauplanung grundsätzlich derartige Lagerungsmöglichkeiten mit erwägen.

c) Deduktive Betrachtung

Eine deduktive Betrachtung ist nicht möglich, weil über den Umfang der einzulagernden Materialien keine Klarheit zu erzielen war.

d) Schlußfolgerung

Entsprechend den in den Betrieben gemessenen Flächen und auf Grund der bei der Untersuchung gewonnenen Eindrücke werden folgende Raumgrößen für das Materiallager vorgeschlagen, wobei es zweckmäßig ist, vor allem die größeren Materiallager in mehrere Räume zu unterteilen und darin Regale aufzustellen:

Betriebsgröße bis	300 ha LN =	25 bis 50 m²
über 300 bis	600 ha LN =	50 bis 100 m²
über 600 bis	1000 ha LN =	100 bis 150 m²
über 1000	ha LN =	über 150 m².

VII. VERWALTUNGSRÄUME

a) Allgemeines

Für die Bewirtschaftung eines landwirtschaftlichen Großbetriebes sind außer den bisher behandelten Bauten auch Verwaltungsräume notwendig. In fast allen untersuchten Betrieben standen dafür Räume der ehemaligen Herrenhäuser zur Verfügung. Die benutzten Räume wurden gezählt und ausgemessen. Vor allem in den zusammengelegten Betrieben war eine größere Zahl von Verwaltungsräumen nötig, weil die Verwaltung sowohl auf dem Hauptbetrieb wie auch auf den Betriebsteilen Räume beanspruchte.
Einen weiteren Hinweis für die notwendige Größe der Verwaltungsräume konnte aus den Arbeitskräftemeldungen entnommen werden. Hier waren vor allem drei Spalten zu beachten:

1. Technisches Personal: Betriebsleiter, Assistent, Agronom, Zootechniker, Sachbearbeiter für Arbeit.
2. Wirtschaftler, Verwaltungspersonal (kaufmännisches Personal): Hauptbuchhalter, Lohn- und Materialbuchhalter, Sekretärin.
3. Betreuungspersonal: Politleiter (hauptamtlicher Parteisekretär), Betriebs-Gewerkschafts-Leitung.

Das technische Personal hält sich nicht ständig in den Büroräumen auf. Dennoch sind ihm Arbeitsplätze im Büro für Aufzeichnungen oder Ausarbeitungen zur Verfügung zu stellen. Immerhin ist der Platzbedarf nicht so groß wie der des kaufmännischen Personals, das dauernd in den Büroräumen arbeitet. Dem Betriebsleiter muß nach Möglichkeit ein eigener Raum vorbehalten bleiben.
Das Verwaltungspersonal arbeitet ständig in den Büroräumen; es benötigt nicht nur den Arbeitsplatz, sondern auch Ablagemöglichkeiten für Schriftstücke, Ordner, Bücher, Karteien und andere Aufzeichnungen. Je nach der Zahl der Verwaltungskräfte sind ein oder mehrere Arbeitsräume wünschenswert.
Das Betreuungspersonal bedarf eines besonderen Raumes, in dem zugleich auch Beratungen innerhalb eines größeren Personenkreises stattfinden können.

b) Induktive Betrachtung

Allgemein standen den Betrieben relativ große Räume zur Verfügung. 30 in diesem Zusammenhang näher untersuchte Betriebe hatten 96 Räume mit insgesamt 1900 m² Fläche, so daß sich ein Mittelwert von 20 m² je Raum ergibt. In diesen Räumen waren 370 Personen beschäftigt, man kann also im Durchschnitt 3 bis 4 Personen je Raum rechnen. Im Mittel standen je Person etwa 5 m² Bürofläche zur Verfügung, was etwa normalen Verhältnissen entspricht.

Die Zahl der Verwaltungskräfte richtet sich nach der Betriebsgröße (Abb. 55) und nach der Zahl der insgesamt beschäftigten Arbeitskräfte (Abb. 56). In 35 näher untersuchten Betrieben waren 5692 Personen beschäftigt, davon 477 (= 8,4%) als leitende oder verwaltende Kräfte. Dieser Wert sinkt mit zunehmen-

der und steigt mit abnehmender Zahl der Beschäftigten. Entsprechend den Spezialaufgaben der volkseigenen Güter liegt dieser Anteil sehr hoch.
Wie die Abb. 55 und 56 indessen erkennen lassen, sind die Werte einer sehr

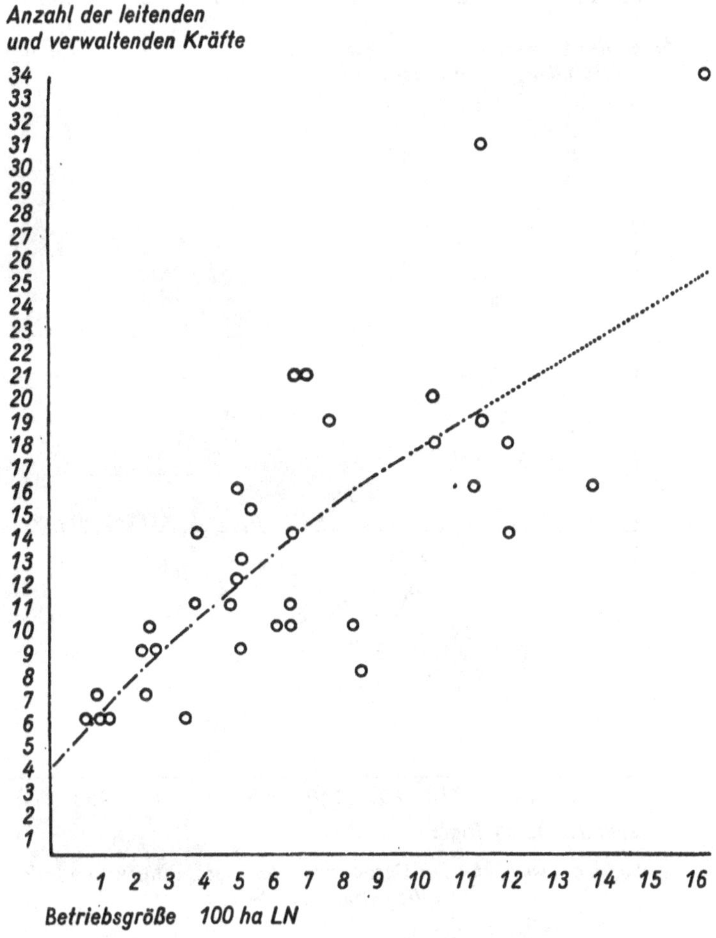

Abb. 55. Beziehungen zwischen der Betriebsgröße und der Zahl der leitenden und verwaltenden Kräfte

starken Streuung unterworfen, die auf den jeweiligen besonderen ökonomischen Bedingungen jedes einzelnen Betriebes beruht. Vor allem wirken sich hier die persönlichen Fähigkeiten der in der Verwaltung des Betriebes beschäftigten Personen aus. Eine genaue Überprüfung ergab, daß weder der Betriebstyp noch der Viehbesatz, noch die Lage des Betriebes die Zahl des Verwaltungspersonals beeinflussen. Genaue Richtlinien lassen sich somit aus den Gegebenheiten der Praxis nicht ableiten, sondern nur Anhaltswerte.

c) Deduktive Betrachtung

Weil die in der Praxis gefundenen Untersuchungsergebnisse nur ungenügend Aufschluß über den erforderlichen Verwaltungsraum brachten, erfragten wir im Ministerium für Land- und Forstwirtschaft Richtzahlen hinsichtlich des

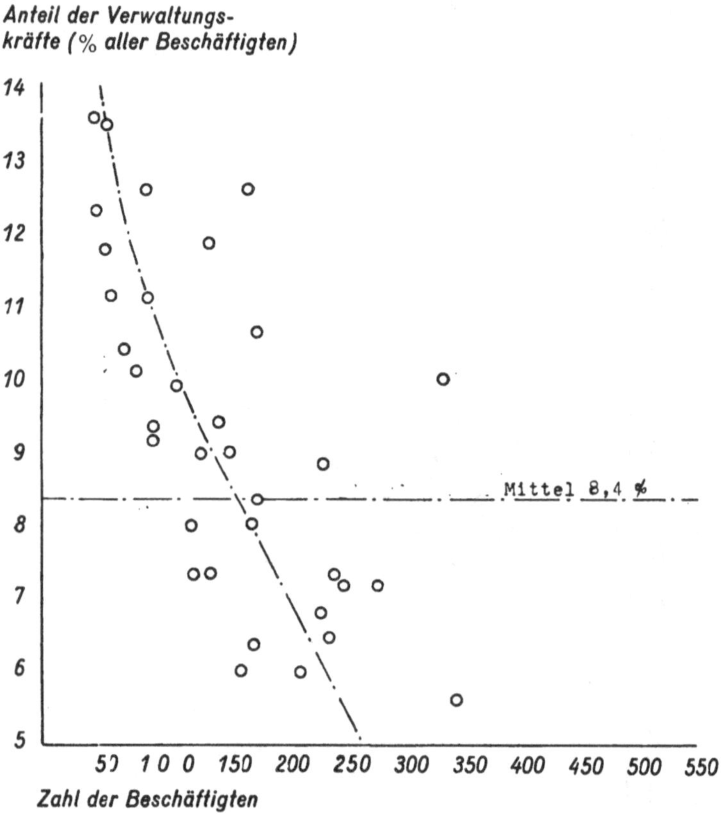

Abb. 56. Beziehungen zwischen der Gesamtzahl der Beschäftigten und dem Anteil der Verwaltungskräfte

Verwaltungspersonals in volkseigenen Gütern. Als Berechnungsgrundlage diente die Zahl der insgesamt beschäftigten Arbeitskräfte. Das Ministerium machte die in Tab. 9 enthaltenen Angaben. Dabei sind die in den untersuchten Betrieben jeweils gefundenen Werte vermerkt. Es zeigt sich, daß von der Praxis die Richtzahlen des Ministeriums etwas übertroffen wurden. Außerdem ist gleichzeitig der von uns als notwendig erachtete Raumbedarf mit aufgeführt.

d) Schlußfolgerung

Die Größe der benötigten Verwaltungsräume richtet sich nach der Zahl der in der Verwaltung beschäftigten Personen. In den untersuchten Betrieben lag der

TABELLE 9:

Zahl des Verwaltungspersonals und Größe der benötigten Verwaltungsräume bei verschiedenen Betriebsgrößen

Gruppe	Zahl der Beschäftigten	Entspricht etwa Betriebsgröße ha LN (läßt sich nicht genau festlegen)	Betriebsleiter				Techn. Personal				Hauptbuchhalter				Kaufm. Personal				Betreuungspers.				Zahl der insgesamt benötigten Räume
			Ministerium	Betriebe	Räume Anzahl	Räume Größe m²	Ministerium	Betriebe	Räume Anzahl	Räume Größe m²	Ministerium	Betriebe	Räume Anzahl	Räume Größe m²	Ministerium	Betriebe	Räume Anzahl	Räume Größe m²	Ministerium	Betriebe	Räume Anzahl	Räume Größe m²	
I.	20 bis 60	100 bis 300	1	1	1	20	1	1	←		1	1	→		2	2	1	20	1	1	1	20	3
II.	61 „ 100	250 „ 450	1	1	1	20	2	3	1	15	1	1	1	10	3	3	1	20	1	1	1	20	5
III.	101 „ 160	400 „ 700	1	1	1	20	2	4	1	20	1	1	1	12	3	3	1	20	1	1	1	20	5
IV.	161 „ 240	600 „ 1000	1	1	1	25	3	6	2	15	1	1	1	15	5	5	1 2	10 15	2	2	1	25	8
V.	241 „ 360	900 „ 1600	1	1	1	25	4	10	2—3	15	1	1	1	15	5	6	3 oder 2	15 20	2	2	1	25	7—9
VI.	361 „ 520	1500 „ 2500	1	×	1	25	6	×	3	15-20	1	×	1	15	10	×	3	20	2	×	1	25	9
VII.	521 „ 750	über 2000	1	×	1	25	7	×	3	20	1	×	1	15	13	×	1 3	15 20	3	×	1 1	15 25	11

Anmerkung: „Ministerium“ bedeutet: Angaben des Ministeriums für Land- und Forstwirtschaft
„Betriebe“ bedeutet: Mittelwerte aus den untersuchten Betrieben
„Räume“ bedeutet: Zahl und Größe dieser Räume werden für das Verwaltungspersonal für notwendig befunden und vorgeschlagen
← bedeutet: Das technische Personal wird mit beim Betriebsleiter untergebracht
→ bedeutet: Der Hauptbuchhalter arbeitet mit im Zimmer des kaufmännischen Personals

Künftig ist eine Verringerung des Verwaltungsapparates geplant. Die größere Zahl des technischen Personals in den untersuchten Betrieben gegenüber den Angaben des Ministeriums ist durch die Beschäftigung von Tier- und Saatzuchtleitern in Spezialbetrieben sowie Kostenrechnern u. ä. Kräften zu erklären.

Anteil des Verwaltungspersonals im Durchschnitt bei 8,4% aller Beschäftigten. Dieser Wert sinkt mit zunehmender und steigt mit abnehmender Zahl der Beschäftigten. Er ist entsprechend den Spezialaufgaben der volkseigenen Güter sehr hoch.
Im Durchschnitt standen für jede in der Verwaltung tätige Person 5 m^2 Büroraum zur Verfügung. Im Mittel arbeiteten in einem Raum 3 bis 4 Personen.
Für die verschiedenen Betriebsgrößenklassen wurden die wichtigsten Angaben in Tab. 9 zusammengefaßt.

D. SCHLUSSFOLGERUNG

Grundlage jeder Bauplanung ist die Kenntnis des Raumbedarfes. Für landwirtschaftliche Großbetriebe waren hierfür bisher noch keine Werte bekannt. Die besondere Schwierigkeit liegt vor allem darin, daß jeder landwirtschaftliche Betrieb entsprechend den besonderen natürlichen und wirtschaftlichen Verhältnissen seines Standortes organisiert werden muß. Es lassen sich hierfür keine allgemeingültigen Schemata anwenden. Die Bauplanung hat diesen betriebswirtschaftlichen Gesichtspunkten Rechnung zu tragen. Wenngleich es keine überall geltenden Kennwerte gibt, so bestehen doch allgemeingültige Gesetzmäßigkeiten, die von einer zweckmäßigen Betriebsorganisation und Bauplanung berücksichtigt werden müssen.

Die vorliegende Arbeit hat auf Grund der Untersuchung von 40 landwirtschaftlichen Großbetrieben mit 24000 ha LN diese Gesetzmäßigkeiten aufgezeigt. Systematisch sind dabei alle Bauten und Räume des landwirtschaftlichen Großbetriebes erfaßt worden. Durch induktive und deduktive Betrachtung konnten Erkenntnisse gewonnen werden, die am Ende eines jeden Kapitels zusammengestellt sind.

Es zeigte sich, daß die Betriebsgröße den stärksten Einfluß auf den Gebäudebedarf hat, obwohl sich auch die Einflüsse der natürlichen und wirtschaftlichen Standortfaktoren nicht verkennen lassen.

Darüber hinaus verdeutlichte die Arbeit, daß es zweckmäßig ist, wenn eine bauliche Einheit eines landwirtschaftlichen Betriebes nicht größer als für eine Fläche von 600 ha LN bemessen wird. Das ist zwar auch je nach Standort sehr verschieden, doch zeigten die Ergebnisse der Untersuchung, daß bei größeren Einheiten keine wesentlichen Vorteile mehr zu erwarten sind. Im Gegenteil können die Vorteile — wie die Erfahrungen aus der Praxis besagen — in Nachteile umschlagen, die sich vor allem in den größeren Entfernungen und in den zunehmenden Schwierigkeiten der Betriebsorganisation offenbaren. Inwieweit es günstig ist, mehrere solche bauliche Einheiten zu einem Betriebsgefüge zusammenzulegen, ist weniger eine Frage der Bauplanung als eine spezielle Frage der Agrarökonomik.

Alle gefundenen Werte unterliegen — wie die Untersuchungen ergaben — entsprechend den Bedingungen, unter denen sie ermittelt werden konnten, einer mehr oder weniger starken Streuung. Außerdem zeigten sich bei der Untersuchung noch sehr viele ungeklärte Probleme.

Trotz dieser Einschränkung können etwa folgende Anhaltswerte den Berechnungen bei der Bauplanung landwirtschaftlicher Großbetriebe zugrunde gelegt werden:

Abschreibungssätze landwirtschaftlicher Bauten (S. 24), festgelegt in der 9. Durchführungsbestimmung zur VO über die Finanzwirtschaft der volkseigenen Betriebe vom 28. 2. 1950:

Mittelwert bei den untersuchten Betrieben 1,5%
Von der Gesamtsumme der Abschreibungen entfielen auf die Gebäude . . 34%
auf die Landtechnik 43%

Arbeitskräfte (S. 38) beeinflussen Zahl und Größe der (→) Wohnungen. Die Zahl der Arbeitskräfte hängt von der Betriebsgröße und vom Viehbesatz ab. Im Mittel der untersuchten Betriebe waren 26 AK/100 ha LN beschäftigt. Der Anteil der Arbeitskräfte an den Einwohnern beträgt

gegenwärtig 65%
künftig wird für zweckmäßig gehalten . . . 50 bis 60%
Arbeitskräfte je Haushalt gegenwärtig . . 2,2%
künftig für richtig befunden . . . . . . 1,9 bis 2,0%

Baugelände (S. 33): Die relative Hofgröße sinkt mit zunehmender Betriebsgröße (bis zu 600 ha LN) und steigt mit wachsendem Viehbesatz; sie muß erweiterungsfähig sein. Im Mittel ist anzunehmen (einschließlich für Wohnungen): etwa 2% LN, davon für den Wirtschaftsbereich allein: etwa 1 bis 1,5% LN.

Bergeraum: nur an Ställen vorsehen (siehe Tab. 4, S. 63).

Bedarf für Rauhfutter und Streustroh je Tierplatz im Stall

Tierplatz	Rauhfutter und Streustroh ganzjährig m³	Rauhfutter ganzjährig, Streustroh für 4 Monate m³
Jungpferde im Laufstall	39	22
Pferde im Anbindestall.	62	50
Kälber in Boxen	17	12
Jungvieh bis 1 Jahr, Laufstall	36	19
Jungvieh über 1 Jahr, Laufstall.	60	32
Tragende Färsen / Kühe / Sonstige Rinder – Kurzstand	35	28
Tragende Färsen / Kühe / Sonstige Rinder – Mittellangstand	55	35
Tragende Färsen / Kühe / Sonstige Rinder – Tieflaufstall	85	45
Mutterschafe mit Nachzucht	(5 bis) 7	×
Zuchtsauen einschließlich Ferkel	19	7
Mastschweine und Läufer	8	2 bis 3

Betriebsgröße: beeinflußt den Gebäudebedarf entscheidend, ist von größerer Bedeutung als das Nutzflächenverhältnis.

Düngerstätte (S. 116): 3 m²/GV.

Garagenplätze (S. 118): Die Betriebsgröße hat den stärksten Einfluß auf den Schlepperbesatz. Bis zu einer Betriebsgröße von etwa 500 ha LN nahm der relative Besatz an Kraftfahrzeugen mit zunehmender Betriebsgröße ab. Bei größeren Betrieben war dieser Einfluß nicht mehr festzustellen. Folgender Bedarf an Garagenplätzen je 100 ha LN wird für zweckmäßig gehalten:

Rad- und Raupenschlepper . . .	1,7
LKW.	0,2
PKW.	0,1
Insgesamt	2,0

Gärfutterbehälter: Der Bedarf richtet sich nach dem Futterbaugebiet (siehe Tab. 5, S. 67).

Art des Behälters	Für 1 GV Rind über 1 Jahr m³	Für 100 Schafe m³
Durchfahrtmieten	6 bis 9	50
mittlere Standsilos	4,5 bis 7	37
höhere Standsilos	4 bis 6	34
Hochsilos	3 bis 5	26
Bedarf für Schweine	1 m³ je Mastplatz im Stall	

Gebäudemangel (gegenwärtig in der Praxis): etwa 30% des Bedarfes.

Gebäudewert (S. 23): (in den untersuchten Betrieben, Preisbasis 1955)
im Mittel bei . . . . . . 6000 DM/ha
setzt sich im Durchschnitt zusammen aus:

38% Wohnungen
6% Grundstückseinrichtungen,
56% Betriebsgebäuden.

Der Anteil der Bauten für die Tierhaltung am Gesamtwert aller Betriebsgebäude betrug im Mittel 63%, der Rest von 37% entfällt auf die Bauten für die Vorratshaltung und für die Landtechnik.
Der relative Gebäudewert nimmt (bis zu 600 ha LN) mit zunehmender Betriebsgröße ab; er nimmt mit steigendem Viehbesatz fast linear zu.
Von der Gesamtsumme der Anlagenwerte entfielen:

auf die Gebäude . 69%
auf die Landtechnik . 19%.

Geflügelställe (S. 109): Die Geflügelhaltung hat wenig betriebswirtschaftliche Bindungen. Darum läßt sich der Umfang des benötigten Stallraumes nur unter Berücksichtigung der besonderen örtlichen Verhältnisse und bei Beachtung der

jeweiligen Futtergrundlage festlegen. Gleiches gilt für die Art des Stallraumes im Hinblick auf die Betriebsrichtung der Geflügelhaltung.
In der Mehrzahl der untersuchten Betriebe wurden weniger als 100 Hühner je 100 ha LN gehalten. Künftig dürfte es in landwirtschaftlichen Großbetrieben indessen richtig sein, die Hühnerhaltung entweder in großem Umfang oder gar nicht zu betreiben.
Giftraum (S. 80): muß verschließbar und mit Regalen und Schränken ausgerüstet sein. Folgende Raumgrößen werden für geeignet gehalten:

bis 200 ha LN	= 10 m²
über 200 bis 500 ha LN	= 15 m²
über 500 bis 1000 ha LN	= 20 m²
über 1000 ha LN	= 25 m²

Handelsdüngerlager (S. 78): 65 m²/100 ha LN.

Hofgröße: siehe Baugelände (S. 33).

Jauchegrube (S. 116): 1 bis 1,5 m³/GV.

Kartoffellagerhaus (S. 81): meist nur für Pflanzkartoffeln (4 m³ je Hektar Anbaufläche), aber auch für Speisekartoffeln.

Landmaschinenstellflächen (S. 123): Die Betriebsgröße beeinflußt den Bedarf mehr als der Betriebstyp. Folgender Bedarf je 100 ha LN wird für zweckmäßig gehalten:

bis 200 ha LN	= 300 bis 400 m²
über 200 bis 1000 ha LN	= 200 m²
über 1000 ha LN	= 150 bis 200 m²

davon etwa 75% überdachte Fläche und 25% Freifläche.

Materiallager (S. 145): für Arbeitsschutzkleidung, Bindegarn, Farben, Handgeräte, Körbe usw. Folgender Raumbedarf wird für zweckmäßig gehalten:

bis 300 ha LN	= 25 bis 50 m²
über 300 bis 600 ha LN	= 50 bis 100 m²
über 600 bis 1000 ha LN	= 100 bis 150 m²
über 1000 ha LN	= über 150 m²

Obstlagerhaus (S. 82): Der Anteil des Obstbaues beträgt in landwirtschaftlichen Großbetrieben im allgemeinen nicht mehr als 10% LN. Die Ernteerträge liegen je nach Art und Sorte etwa bei 50 bis 300 dz/ha. Der Berechnung des Raumbedarfes kann zugrunde gelegt werden, daß bei 3,60 m Stapelhöhe der Kisten je Quadratmeter etwa 10 dz Obst gelagert werden können.

Pferdeställe (S. 113): Ihre Bedeutung geht mit zunehmender Motorisierung zurück, sie können jedoch vorerst bei der Bauplanung noch nicht ganz unberücksichtigt bleiben. Auch die Pferdezucht hat noch gewisse Bedeutung. Es wird für zweckmäßig erachtet, wenn die Bauplanung die Vollmotorisierung berücksichtigt und bei den Pferdeställen je 100 ha LN rechnet mit:

2 bis 4 Plätzen für Arbeitspferde und
0,5 bis 1 Laufbucht für Fohlen oder als Abfohlbucht.

Rindviehställe (S. 84): Der Stallraumbedarf ist um so geringer, je länger die Nutzungsdauer und je höher die Milchleistung der Kühe ist.

Kuhplätze:

relative Zahl nimmt mit zunehmender Betriebsgröße ab

Mittelwert aller untersuchten Betriebe	16 je 100 ha LN
Mittelwert DDR	32 je 100 ha LN
Vorschlag für Bauplanung landwirtschaftlicher Großbetriebe	20 bis 25 je 100 ha LN
Höchstzahl der Kuhstände an einem Standort (im allgemeinen)	200

Rindviehstallbedarf für die Nachzucht von 100 Kühen (je nach Betriebsform und Umtriebszeit):

Abkalbestände	5 bis 8
Tränkkälberbuchten (für Tiere bis 3 Monate)	10 bis 12
Absatzkälberbuchten (für Tiere von 4 bis 6 Monaten)	8 bis 12
Jungviehplätze (für Tiere von $^1/_2$ bis 1 Jahr)	12 bis 18
Jungviehplätze (für Tiere von 1 bis 2 Jahren)	20 bis 30
Färsenplätze	18 bis 25

1 Bullenplatz auf etwa 60 bis 70 Kuhplätze

Flächenbedarf beim Milchviehstall

Futtertenne	0,75 bis 1 m² je Kuh
Rübenlagerraum	0,75 bis 1 m² je Kuh
Kraftfutterlagerraum	0,1 m² je Kuh
Milchwirtschaftsräume (im Mittel)	1 m² je Kuh

davon Milchbehandlungsraum

für	30 Kühe	= 7 bis 8 m²
„	60 „	= 11 „ 12 m²
„	90 „	= 14 „ 15 m²
„	120 „	= 18 „ 22 m²
„	180 „	= 24 „ 30 m².

Schafställe (S. 105): Die Schafhaltung war in Betrieben mit mehr als 200 ha LN vorhanden. Betriebstyp und Standort beeinflussen die Schafhaltung nicht. Die Schafhaltung beeinflußt die Rindviehhaltung nicht. Der Umfang der Schafherde nimmt mit zunehmender Betriebsgröße zu. Im Mittel der untersuchten Betriebe wurden 110 Schafe je 100 ha LN festgestellt.
Mindestgröße der Schafherde = 150 Muttern mit Nachzucht.

Stallraumbedarf

je Tier der Herde	1 m²
je Mutterschaf mit Nachzucht	2,1 bis 2,5 m²
je Mutterschaf mit Lämmern, sofern Hammel und Jährlinge getrennt untergebracht sind	1,8 bis 2,0 m²
Einzelbuchten für Schafböcke	2 × 3 m.

Scheunen werden künftig nur noch für Spezialkulturen benötigt. Im übrigen (→) Bergeraumbedarf (S. 63).

Schweineställe (S. 97): Die Schweinehaltung hat sehr geringe betriebswirtschaftliche Bindungen. Darum sind Stallraumbedarf je Flächeneinheit und Betriebsform (Mast oder Zucht) nur unter Beachtung der besonderen örtlichen Verhältnisse und unter Berücksichtigung des Futteraufkommens festzulegen.

Schweinebesatz im Durchschnitt der DDR	140 Schweine je 100 ha LN
Größte Häufigkeit in den untersuchten Betrieben	131 bis 140 Schweine je 100 ha LN
Zahl der Abferkelbuchten	50 bis 70 je 100 gehaltene Zuchtsauen
Höchstzahl der Zuchtsauen in einem Betrieb	200
besser nur	90 bis 120

1 Zuchteberplatz auf etwa 20 bis 25 Zuchtsauenplätze.

Speicher (S. 68): Der relative Speicherbedarf nimmt mit zunehmender Betriebsgröße ab. Es müssen zwischen 40 und 80% (im Mittel etwa 63%) der gesamten Erntemenge eingelagert werden. Die einzulagernden Mengen verteilen sich etwa folgendermaßen:

9,5% Saatgut,
84,5% Futtermittel,
6,0% Brotgetreide.

Einzelwerte für die Berechnung siehe Kapitel C, IV, 3 (S. 72).

Speicherkapazität:

im Mittel vorhanden	62 t/100 ha LN
künftig für notwendig gehalten	92 t/100 ha LN
für überschlägliche Berechnungen	100 t/100 ha LN

Tabaktrockenschuppen (S. 83): je Ar Anbaufläche etwa 8 m³ Trockenschuppenraum.

Tankstelle (S. 142):

Dieselöl: Die Einlagerung eines Monatsbedarfes reicht aus. Die Bauplanung muß also mit etwa 1000 bis 1200 l je Garagenplatz für ein Dieselfahrzeug rechnen.

Benzin: Die Faßlagerung reicht im allgemeinen aus, weil der Bedarf an Vergasertreibstoff gering ist.

Öle und Schmierfette: Raumbedarf bis 500 ha LN = 10 m², für größere Betriebe = 20 m².

Verwaltungsräume (S. 146): Die untersuchten Betriebe hatten einen sehr großen Bedarf an Verwaltungsraum, weil der Anteil des Verwaltungspersonals an der Gesamtzahl der Beschäftigten sehr hoch lag (im Mittel bei 8,4%).

Zahl der Beschäftigten	Entspricht etwa Betriebsgröße ha LN	Raumbedarf	Räume insgesamt
20 bis 60	100 bis 300	3 × 20 m²	3
61 bis 100	250 bis 450	3 × 20 m² 1 × 15 m² 1 × 10 m²	5
101 bis 160	400 bis 700	4 × 20 m² 1 × 12 m²	5
161 bis 240	600 bis 1000	2 × 25 m² 5 × 15 m² 1 × 10 m²	8
241 bis 360	900 bis 1600	2 × 25 m² 6 bis 7 × 15 m² oder 2 × 25 m² 2 × 20 m² 3 bis 4 × 15 m²	7 bis 9
361 bis 520	1500 bis 2500	2 × 25 m² 3 × 20 m² 3 × 15 bis 20 m² 1 × 15 m²	9
521 bis 750	über 2000	2 × 25 m² 6 × 20 m² 3 × 15 m²	11

In der Zukunft ist mit einer Verringerung des Verwaltungspersonals zu rechnen, so daß auch der Bedarf an Büroräumen abnehmen wird.

Viehbesatz (S. 83): Der relative Viehbesatz nimmt mit zunehmender Betriebsgröße ab. Die Betriebsgröße hat einen stärkeren Einfluß auf den Umfang der Viehhaltung als die natürliche Futtererzeugungsgrundlage.
Im Mittel aller untersuchten Betriebe waren vorhanden: 76 GV je 100 ha LN.

Wagenstellfläche (S. 127): Der relative Bedarf nimmt mit zunehmender Betriebsgröße ab. Es ist damit zu rechnen, daß der Anteil der gummibereiften Ackerwagen an allen Ackerwagen, der in den untersuchten Betrieben nur 45% betrug, künftig zunimmt und daß infolgedessen der Wagenbedarf insgesamt zurückgeht. Bei einem Stellflächenbedarf von etwa 25 m² je Ackerwagen oder Anhänger werden im Mittel 100 m² Wagenstellfläche je 100 ha LN für ausreichend erachtet.

Werkstätten (S. 133): Folgende Größen werden für zweckmäßig angesehen:

Betriebsgrößen-klasse ha LN	Mechanische Werkstatt m²	Schmiede m²	Ersatzteillager m²	Stellmacherei m²	Holzlager überdacht m²	Holzlager im Freien m²
bis 200	—	75	20	70	100	200
200 bis 500	75	75	40 bis 50	70	200	400
500 bis 1000 . . .	75	115	70 bis 100	70	300	600
über 1000	115	155	100 bis 150	70	400	800

Sattlerwerkstätten etwa 20 m²

Wohnungen (S. 38): Die Zahl richtet sich nach der Zahl der notwendigen Arbeitskräfte (→).

Personen je Haushalt gegenwärtig 3,6
künftig für richtig befunden . . . 3,4

Folgende durchschnittliche Wohnungsgrößen werden künftig für zweckmäßig gehalten und für die Bauplanung empfohlen:

6%	Einzelzimmer	mit etwa 20 m²
15%	Einzimmerwohnungen	,, ,, 40 m²
43%	Zweizimmerwohnungen	,, ,, 60 m²
27%	Dreizimmerwohnungen	,, ,, 80 m²
9%	größere Wohnungen	,, ,, 100 und mehr m²

Dabei können folgende Raumgrößen als Anhalt dienen:

Wohnzimmer	17	bis	20	m²
Schlafzimmer	14	,,	17	m²
Küche	8	,,	10	m²
Speisekammer	0,5	,,	1,5	m²
Diele	6	,,	10	m²
Bad und Toilette . . .	3,5	,,	4	m²
Abstellraum	3	,,	4	m²

Die Grenzen der Anwendbarkeit all dieser ermittelten Werte werden beim Betrachten des landwirtschaftlichen Bauwesens anderer Länder offenbar, wobei sich insbesondere die Einflüsse von Klima und Boden sowie der Verkehrsverhältnisse bemerkbar machen.

So berichtet KLAPP (36) aus Chile: ,,Wirtschaftliche Schwierigkeiten bestehen u. a. in der ungeheuren Länge der Transportwege, die viele Erzeugnisse unverwertbar machen, die Erzeugungsmittel aber stark verteuern. So kann es nicht überraschen, daß Stallbau und Milcherzeugung, Dünger- und reichlicher Saatgutkauf im Futterbau vielfach als unwirtschaftlich gelten.“ ,, . . . aus den verschiedensten der angedeuteten Gründe tritt aber die Vorratsbildung aus Heu, Grün- oder Gärfutter fast ganz hinter der Weidenutzung zurück.“

BOIOSJA (11) sowie RJASANOW, SHMUDSKI und SCHMIDT (73) berichten über die Planung und Bebauung der neuen Getreidesowchosen in Kasachstan,

Sibirien, des Wolga- und des Altaigebietes. Dort entstehen außer Wohnungen und Sozialbauten sowie Bauten für die Landtechnik auch noch Speicher, während Stallungen geringere Bedeutung haben oder gar nicht vorgesehen sind.
So muß die Bauplanung stets den besonderen natürlichen und wirtschaftlichen Standortfaktoren eines jeden landwirtschaftlichen Betriebes Rechnung tragen. Die von uns ermittelten Werte können der Bauplanung landwirtschaftlicher Großbetriebe Mitteldeutschlands zugrunde gelegt werden.

SCHLUSSWORT

Bereits das Thema der vorliegenden Arbeit drückt aus, daß landwirtschaftliche Betriebe einen Bedarf an Gebäuden haben. In welchem Umfang das der Fall ist, konnte durch die Untersuchungen geklärt werden.
Der Bedarf besteht deshalb, weil Gebäude für die Landwirtschaft — besonders in der intensiven Kulturwirtschaft — nützliche und unentbehrliche Betriebsmittel sind und nicht etwa nur totes Betriebskapital, das keine Werte schafft. Leider ist noch viel zu wenig bekannt, in welchem Ausmaß die Gebäude den Betriebserfolg günstig beeinflussen; vielmehr werden vornehmlich die Baukosten gesehen, deren ungünstige Höhe oftmals davon abhält, zweckmäßig zu bauen. Es müßte deswegen Aufgabe weiterer Forschungsarbeiten sein, Aufwand und Nutzen der Gebäude gründlich zu untersuchen und sorgfältig gegeneinander abzuwägen.
Außerdem müssen in der Zukunft noch die zweckmäßigste Gestaltung landwirtschaftlicher Gehöfte oder Wirtschaftsanlagen und die geeignetste Zuordnung der einzelnen Betriebsteile geklärt werden. Hier stehen wir, wie auf vielen Gebieten des landwirtschaftlichen Bauwesens, erst am Anfang der Erkenntnis.
Bereits jetzt jedoch können die Ergebnisse der vorliegenden Arbeit der landwirtschaftlichen Praxis und der Bauplanung eine wesentliche Hilfe sein, weil sie es ermöglichen, die mehr als 2000 Jahre alte und immer noch gültige Forderung CATOs (14) zu verwirklichen:

„Ita aedifices, ne villa fundum quaerat, neve fundus villam."

ZUSAMMENFASSUNG

Von 40 landwirtschaftlichen Großbetrieben mit insgesamt 24000 ha LN, die unter unterschiedlichen Verhältnissen wirtschaften und in den Betriebsgrößenklassen zwischen 100 und 1600 ha LN liegen, wurden Bausubstanz und Betriebsorganisation untersucht, um festzustellen, welchen Gebäudebedarf landwirtschaftliche Großbetriebe haben.
Systematisch sind alle Gebäude und Räume erfaßt worden: Wohnungen, Bauten für die Vorratshaltung (Bergeräume für Heu und Stroh, Gärfutterbehälter, Speicher, Handelsdüngerlager, Gifträume und andere Bauten für die Vorratshaltung), Bauten für die Tierhaltung (Rindvieh-, Schweine-, Schaf-, Geflügel- und Pferdeställe, Düngerstätten und Jauchegruben), Bauten für die Landtechnik (Garagen, Stellflächen für Landmaschinen, Geräte und Ackerwagen, Werkstätten, Tankstellen und Materiallager) sowie Verwaltungsräume. Darüber hinaus befaßt sich die Arbeit auch mit dem Problem des Gebäudewertes und mit dem Platzbedarf der Gesamtanlage. Die in den Betrieben gewonnenen Erkenntnisse wurden durch Schrifttumsangaben und ein umfangreiches Zahlenmaterial ergänzt. Die in der Schlußfolgerung aus jedem Abschnitt mitgeteilten Werte sind am Ende der Arbeit übersichtlich zusammengefaßt.
Es konnte die Erkenntnis gewonnen werden, daß die landwirtschaftliche Praxis gegenüber dem Bedarf ein quantitatives Defizit von 25 bis 30% ihrer Bausubstanz hat.
Die Arbeit erläutert die Gesetzmäßigkeiten und Gesichtspunkte, die den Gebäudebedarf bestimmen, so daß danach der Gebäudebedarf landwirtschaftlicher Großbetriebe für den speziellen Einzelfall berechnet werden kann. Die Betriebsgröße hat den stärksten Einfluß auf den Gebäudebedarf.

РЕЗЮМЕ

ЭКГАРД МОТЕС

Производственно-экономические обследования по вопросу потребности крупных сельскохозяйственных предприятий в зданиях и постройках.

В 40 крупных, работающих в различных условиях, сельскохозяйственных предприятиях с общей площадью сельско-хозяйственных угодий в 24.000 га и с площадью землепользования от 100 до I600 га были исследованы существующая застройка и организация производства с целью определения потребности крупных сельскохозяйственных предприятий в зданиях и постройках.
Систематически учитывались все здания и постройки: жилые, хранилища (сараи для сена и соломы, амбары, склады для хранения минеральных удобрений, помещения для хранения ядохимикатов и другие хранилища), животноводческие постройки (для крупного рогатого скота, лошадей, свиней, овец, птицы), навозохранилища и жижесборники, постройки для сельскохозяйственной техники (гаражи, площадки для сельскохозяйственных машин, орудий и телег, мастерские, бензозаправочные установки и склады

материалов), а также административные помещения. Кроме того настоящий труд исследует также вопросы стоимости зданий и вопросы размера необходимой для всей усадьбы площади.
Полученные индуктивным путем данные были пополнены дедуктивными выводами на основе тщательного изучения научной литературы и обширного цифрового материала. Итоговые данные каждого раздела собраны в общей сводке в конце книги.
Установлено, что в сельскохозяйственной практике ощущается количественный недостаток в постройках в об'еме 25∸30% к наличию. Работа излагает закономерности и точки зрения, определяющие потребность в зданиях, и на этой основе дана возможность подсчитать в каждом отдельном случае потребность в зданиях для крупных сельскохозяйственных предприятий.

SUMMARY

ECKHARD MOTHES

An Investigation into the Building Requirements of Large-Scale Agricultural Enterprises

Forty large-scale farms totalling 24,000 hectares (nearly 60,000 acres) of agricultural land, working under different conditions and ranging between about 250 and 4,000 acres, were examined as to their buildings and organisation, with a view to determining the general demand for buildings on large-scale farms.
All buildings and rooms have been systematically recorded: dwellings, storage buildings (shelters for hay and straw, silage containers, granaries, commercial fertiliser stocks, poison rooms and other storage buildings), buildings for animals (cowsheds, pigstyes, sheep pens, poultry houses and stables, dung yards and liquid manure pits), buildings for agricultural machinery (garages, sheds for agricultural machines, implements and carts, workshops, filling stations and storage space) as well as office accomodation. The problem of the total building value and space requirements of the entire enterprise is also dealt with.
Deductions were arrived at on the basis of a detailed study of available literature and figures. The values mentioned at the end of each section are clearly summarised in the concluding pages.
It was ascertained that there is a deficit of 25—30 per cent of actual requirements in agricultural buildings.
The pamphlet explains the basic laws and points of view governing building requirements for large-scale farms, from which can be deduced the requirements in individual cases.

LITERATURVERZEICHNIS

(1) AEREBOE, F.: Allgemeine landwirtschaftliche Betriebslehre, 5. Auflage, Berlin 1920.

(2) ANISSIMOW, W.: Die Landwirtschaft der Sowjetunion im neuen Fünfjahrplan, Berlin 1947.

(3) BAIL, A.: Die Entwicklung der Betriebsorganisation und Leistung in dreizehn landwirtschaftlichen Großbetrieben während der Wirtschaftsjahre 1946/47 bis 1950/51 im Spiegel der Betriebsstatistik, Wissenschaftliche Zeitschrift der Martin-Luther-Universität Halle-Wittenberg **III**, 1953/54, Mathematisch-naturwissenschaftliche Reihe, Heft 1, 175—259.

(4) BEYER, W.: Die Arbeitsplanung in der LPG, Die Deutsche Landwirtschaft **6**, 1955, 8—14.

(5) BEYER, W.: Betriebsvergleich in LPG, Die Deutsche Landwirtschaft **6**, 1955, 522—526.

(6) BIELKA, R.: Die Ertragsschwankungen der Trockenspeiseerbsen, Die Deutsche Landwirtschaft **3**, 1952, 365—368.

(7) BLOHM, G.: Angewandte Landwirtschaftliche Betriebslehre, 2. Auflage, Stuttgart-Ludwigsburg 1950.

(8) BLOHM, G.: Die Kapitalinvestition in der Landwirtschaft, Mitteilungen der Deutschen Landwirtschafts-Gesellschaft **68**, 1953, 995—998.

(9) BLOHM, RIEBE, VOGEL: Arbeitsleistung und Arbeitskalkulation in der Landwirtschaft, Stuttgart-Ludwigsburg 1953.

(10) BLOHM, G.: Die Betriebsplanung in ROEMER, SCHEIBE, SCHMIDT, WOERMANN, Handbuch der Landwirtschaft, Band V, Berlin und Hamburg 1954.

(11) BOIOSJA, A.: Planung und Bebauung der neuen Staatsgüter, Architektur der UdSSR, Heft 3/1955.

(12) BUSCH, W.: Der landwirtschaftliche Betrieb als Organismus und seine Bestandteile in ROEMER, SCHEIBE, SCHMIDT, WOERMANN, Handbuch der Landwirtschaft, Band V, Berlin und Hamburg 1954.

(13) CARTER, D. C.: Some Concepts of Farm Building Management, Agricultural Engineering **30**, 1949, 65—66 und 70.

(14) CATO, M. P.: De agricultura.

(15) COLUMELLA, L. J. M.: De re rustica libri XII.

(16) CORDS, W.: Das Handbuch des Landbaumeisters, Band I Das Gehöft, 4. Auflage 1954; Band II Das Dorf, 1. Auflage 1953, Radebeul und Berlin.

(17) CORDS, W.: Taschenbuch des Landbaumeisters, Radebeul und Berlin 1954.

(18) DENCKER, HEIDT und WENNER: Einrichtungen auf dem Hofe zur Lagerung und Trocknung von Erntedruschgetreide, Flugschrift des Kuratoriums für Technik in der Landwirtschaft e. V., Frankfurt a. Main 1954.

(19) DESCHEPPER, H.: Innenwirtschaft und bauliche Planung, Archiv der Deutschen Landwirtschafts-Gesellschaft, Band 15, 195—205, Frankfurt a. Main 1955.

(20) DONNER, O.: Statistik, Hamburg 1937.

(21) ELVERT, G.: Einige Probleme der Rentabilität der volkseigenen Güter, Wirtschaftswissenschaft **3**, 1955, Heft 4, 472—482.

(22) ESMAY, M. L. und D. B. BROOKER: Horizontal Self-Feeding Silos, Agricultural Engineering **34**, 1953, 620—623 und 630.

(23) GRAESER, H.: Die Gutsschmiede, Berlin 1944.

(23a) GUHL, P.: Kartoffellagerhäuser, Berlin 1957

(24) HALPAAP, M.: So baut man richtig in der Landwirtschaft, Hamburg und Berlin 1954.

(25) HAMM, W.: Die Grundzüge der Landwirtschaft, 2. Band, 4. Teil: Allgemeine Regeln der Wirtschaftskunst, Braunschweig 1854.

(26) HECKL, R.: Der Gebäudebedarf typischer Betriebsformen der Landwirtschaft in Österreich, der Schweiz und den USA, Die Bodenkultur **6**, 1952, Heft 2, 121—151, Wien.

(27) HECKL, R.: Silofragen; Die betriebswirtschaftlichen und bauwirtschaftlichen Probleme der Gärfutterwirtschaft in Österreich, Informationen des österreichischen Kuratoriums für Landtechnik Nr. 25, Wien, Juni 1953.

(28) HECKL, R.: Baubedarf und Bauvermögen in der Landwirtschaft, ALB-Mitteilungen **5**, 1954, Nr. 1, 1—4.

(29) HENRIKSON, R.: Unkosten bei landwirtschaftlichen Wirtschaftsgebäuden (in Schweden), Lund 1954. Berichte und Übersetzungen Nr. 13 der Arbeitsgemeinschaft Landwirtschaftliches Bauwesen e. V., Frankfurt a. Main.

(30) HERRMANN, W.: Bauliche Gesichtspunkte zur Aufstellung von Werkstattmaschinen in den MTS, Deutsche Agrartechnik **4**, 1954, 295—296 und 327.

(31) HEY: Briefliche Mitteilung aus der Biologischen Zentralanstalt Kleinmachnow vom 13. 2. 1956.

(32) HOFFMANN, E.: Zur Problematik der Produktionskostenrechnung, Kühn-Archiv, Band 69, Heft 1, 1—40, Halle 1955.

(33) KAHSNITZ: Die rationelle Organisation des Futterbaues als Voraussetzung für die notwendige Betriebsharmonie, Archiv der Deutschen Landwirtschafts-Gesellschaft, Band 5, 204—214, Hannover 1950.

(34) KIRSTEIN, K.: Landwirtschaft und Ziegel, Die Ziegelindustrie **8**, 1955, Nr. 5, 187—191.

(35) KLAPP, E.: Lehrbuch des Acker- und Pflanzenbaues, 2. Auflage, Berlin 1944.

(36) KLAPP, E.: Die Grünland- und Futterwirtschaft der Deutschchilenen, Archiv der Deutschen Landwirtschafts-Gesellschaft, Band 15, Frankfurt a. Main 1955.

(37) KLINK, G.: Die Trocknung von Tabak und der Bau von Tabaktrocknungsanlagen, Die Deutsche Landwirtschaft **6**, 1955, 301—304.

(38) KLITSCH, Cl.: Klarheit um den Winterraps!, Die Deutsche Landwirtschaft **2**, 1948, 104—108 und 115—120.

(39) KLOEPPEL, R., und H. POHLMANN: Die Kartoffelscheune, 2. Auflage, Hefte für den Kartoffelbau, Heft 2, Hildesheim 1954.

(40) KÖNNECKE, G.: Aufgaben, Leistung und Zweckbestimmung der Lehr- und Versuchsgüter an den landwirtschaftlichen Fakultäten in der Deutschen Demokratischen Republik, Die Deutsche Landwirtschaft **7**, 1956, 59—68.

(41) KÖSTLIN, A.: Zur Frage der Strohlagerung beim Erntedrusch, Mitteilungen der Deutschen Landwirtschafts-Gesellschaft **70**, 1955, 805—806.

(42) KÖSTLIN, A.: Die Lage und die Aufgabe im landwirtschaftlichen Bauwesen, Landwirtschaftliches Bauen, Sonderveröffentlichung der Deutschen Bauzeitschrift, Gütersloh 1955.

(43) KRAFFT-FALKE: Lehrbuch der Landwirtschaft, Band 4, Betriebslehre, 11. Auflage, Berlin 1919.

(44) KRAFFT-FRUWIRTH: Die Ackerbaulehre, 15. Auflage, Berlin 1927.

(45) KUCKUCK, H., u. A. MUDRA: Lehrbuch der allgemeinen Pflanzenzüchtung, Stuttgart1950.
(46) KULKE, E.: Probleme der landwirtschaftlichen Bauberatung, ALB-Mitteilungen **6**, 1955, Nr. 3, 29—32.
(47) KULKE, E.: Geklärte und offene Fragen im Bauwesen, Deutsche Landwirtschaftliche Presse **78**, 1955, 287 und 299.
(48) KÜPPER, F. P.: Eine Durchfahrtmiete, wie sie sein kann, Mitteilungen der Deutschen Landwirtschafts-Gesellschaft **69**, 1954, 386—387.
(49) KUSNEZ: Der Molotow-Kolchos, Berlin 1953.
(50) LAUR, E.: Einführung in die Wirtschaftslehre des Landbaus, 2. Auflage, Berlin 1930.
(51) LENSCH, J.: Probleme des Deckbetriebes und der Unfruchtbarkeit beim Rind, Mitteilungen der Deutschen Landwirtschafts-Gesellschaft **68**, 1953, 1237—1239.
(52) LIEBKNECHT, K.: Unser Bauwesen, Neues Deutschland vom 18. 12. 1955.
(53) MEHLER, A.: Bau des Milchhauses in ,Wie mechanisieren wir die Innenwirtschaft unserer LPG?', Heft 3, Berlin 1955.
(54) MEYER, E.: Pferdezucht in ROEMER, SCHEIBE, SCHMIDT, WOERMANN, Handbuch der Landwirtschaft, Band IV, Berlin und Hamburg 1953.
(55) MOTHES, E.: Arbeitswirtschaftliche Untersuchungen der Stroh-Stalldung-Kette in mitteldeutschen Betrieben, Dissertation Halle 1953.
(56) MOTHES, E.: Arbeitswirtschaftliche, technische und bauliche Probleme der Stalldungwirtschaft, Die Deutsche Landwirtschaft **4**, 1953, 466—471.
(57) MOTHES, E.: Landtechnik und Bauplanung, Deutsche Agrartechnik **4**, 1954, 228—230 und 259—261.
(58) MOTHES, E.: Gebäude und Maschinen für die Innenwirtschaft in VIEWEG-ROSENKRANZ (90), Band III, 490—572, Berlin 1954.
(59) MOTHES, E.: Bauliche und technische Gesichtspunkte zur Gärfutterbereitung, Die Deutsche Landwirtschaft **5**, 1954, 527—533.
(60) MOTHES, E.: Über die Beziehungen zwischen Bauplanung und Mechanisierung in der Landwirtschaft, Deutsche Agrartechnik **6**, 1956, 60—61.
(61) MUNDE, H.: Volkswirtschaftliche Bedeutung und betriebswirtschaftliche Stellung der Viehhaltung in BRÜGGEMANN, H.: Viehhaltung im Bauernbetrieb, Frankfurt a. Main 1954.
(62) NEHLER, G. M.: Untersuchungen über den Herdenumtrieb und die Nutzungsdauer in der Rinderhaltung unter Berücksichtigung der Milch-Fleischleistung und die züchterischen Konsequenzen, Dissertation Kiel 1954.
(63) NICOLAI, E.: Betriebswirtschaftliche Fragen zur Geflügelzucht und -haltung in den Landwirtschaftlichen Produktionsgenossenschaften, Berlin 1953.
(64) NIEMKE, W.: Gebäude der MTS, Berlin 1953.
(65) NIEMKE, W.: Planungsrahmen für die Dorfplanung, Berlin 1954.
(66) NUSSHAG, W.: Hygiene der Haustiere, Leipzig 1954.
(67) PABST, H. W. v.: Lehrbuch der Landwirtschaft, 2. Band, 2. Abteilung, Betriebslehre, 4. Auflage, Darmstadt 1854.
(68) PALLADIUS, R. T. A.: De re rustica libri XIV.
(69) PLINIUS: Naturalis historia libri XXXVII.
(70) PREUSCHEN, G.: Lagerungsprobleme bei landwirtschaftlichen Erzeugnissen, Imbshäuser Hefte, Nr. 7, S. 29, Hannover 1948.
(71) PRIEBE, H.: Betriebsgröße und Betriebsgestaltung in ROEMER, SCHEIBE, SCHMIDT, WOERMANN, Handbuch der Landwirtschaft, Band V, Berlin und Hamburg 1954.
(72) RHEINWALD, H.: Praktische Düngelehre für den landwirtschaftlichen Betrieb, 3. Auflage, Berlin 1948.

(73) RJASANOW, B., D. SHMUDSKI u. N. SCHMIDT: Einige Fragen zur Projektierung von neuen Getreidesowchosen in den Bezirken Kasachstans, Architektur der UdSSR, Heft 7, 1955.
(74) ROEMER, TH., u. F. SCHEFFER: Lehrbuch des Ackerbaues, 3. Auflage, Berlin und Hamburg 1949.
(75) ROLFES, M.: Untersuchungen über die Gebäude in bäuerlichen Betrieben, Landwirtschaftliche Jahrbücher, Band 75, Heft 2, 161—239, Berlin 1932.
(76) ROSEGGER, S.: Neue Wege in der Stallentmistung, Deutsche Agrartechnik 5, 1955, 200—202.
(77) SCHAPIRO, S. L.: Die Schweinezuchtsowchose in ABROSSIMOW: Die sozialistischen staatlichen Landwirtschaftsbetriebe in der UdSSR, Berlin 1953.
(78) SCHELEST, P. S.: Kolchos Morgenrot, Berlin 1953.
(79) SCHILLER, H. J., u. K. DEDIÉ: Erfolge und Grenzen einer Großentseuchung mit Chlorgas, Monatshefte für Veterinär-Medizin **10**, 1955, 633—634.
(80) SCHLEWSKI: Die Einbringung der Getreideernte, in Berichte über Landtechnik VIIf, Wolfratshausen/München 1949.
(81) SCHMALFUSS, K.: Pflanzenernährung und Bodenkunde, Leipzig 1947.
(82) SCHWONDER, K.: Die landwirtschaftlichen Betriebssysteme, Dissertation Königsberg 1905.
(83) SEELHORST, C. v.: Die Belastung der Grundrente durch das Gebäudekapital in der Landwirtschaft, Jena 1890.
(84) SENNEWALD, J.: Die Steigerung der landwirtschaftlichen Erzeugung durch Verbesserung der Betriebseinrichtung, Radebeul und Berlin 1948.
(85) STEINBRÜCK, K.: Landwirtschaftliche Betriebsmittel in Handbuch der gesamten Landwirtschaft, Band 1, Abteilung 2, Hannover 1908.
(86) STOPPORKA, P.: Die Auswirkung der Technisierung auf die Arbeitsleistung und Arbeitsorganisation eines mitteldeutschen Großbetriebes, Dissertation Halle 1950.
(87) THAER, A.: Grundsätze der rationellen Landwirtschaft, Neue Ausgabe, Berlin 1880.
(88) THIEME, D., u. R. FINZEL: Eine Möglichkeit der Arbeitskräfteplanung in den volkseigenen Gütern, Die Deutsche Landwirtschaft **6**, 1955, 527—530.
(89) VARRO, M. T.: De re rustica libri tres.
(90) VIEWEG-ROSENKRANZ: Handbuch des Genossenschaftsbauern, Berlin 1954.
(91) VITRUV, P.: De architectura libri X.
(92) WAGNER, F.: Deutsches Bauhandbuch, Baukunde des Architekten II, Teil 1, Landwirtschaftliche Bauten, 3. Auflage, Berlin 1907.
(93) WANDER, J. F.: Betriebswirtschaftliche Grundlagen der Gebäudegestaltung, Landwirtschaftliches Bauwesen, Sonderveröffentlichung der Deutschen Bauzeitschrift 38—44, Gütersloh 1955.
(94) WERNER, K.: Die Zuschlagskostenrechnung im landwirtschaftlichen Betrieb, Kühn-Archiv, Band 69, Heft 3, 365—428, Halle 1955.
(95) WICKE, H. J.: Briefliche Mitteilung aus dem Institut für Acker- und Pflanzenbau der Universität Leipzig (Direktor Prof. Dr. Arland) vom 29. 12. 1953.
(96) WOERMANN, E.: Organisationsformen der Nutzviehhaltung in ROEMER, SCHEIBE, SCHMIDT, WOERMANN, Handbuch der Landwirtschaft, Band V, Berlin und Hamburg 1954.
(97) WORTMANN, P.: Silo- oder Speicherlagerung des Getreides? Mitteilungen der Deutschen Landwirtschafts-Gesellschaft **70**, 1955, 1338—1339.

Anonym

(98) — Zitiert nach Baumeister Nr. 1/1956, 50 und Deutsche Bauzeitschrift Nr. 11/1956, 1332.
(99) — Schriftenreihe Deutsche Finanzwirtschaft, Heft 5, 1949.

(100) — Landmaschinenliste der Deutschen Demokratischen Republik, herausgegeben von der Deutschen Akademie der Landwirtschaftswissenschaften zu Berlin, Sektion Landtechnik, Berlin 1955.
(101) — Entwicklung der deutschen Viehhaltung seit 1873, Statistisches Jahrbuch für das Deutsche Reich, 1937, 106.
(102) — Karteiblatt Statistische Praxis 1955/10, Beilage zur Zeitschrift Statistische Praxis, Heft 10/1955.
(103) — Ministerratsbeschluß zu den Maßnahmen und Empfehlungen der IV. Konferenz der Vorsitzenden und Aktivisten der Landwirtschaftlichen Produktionsgenossenschaften vom 26. Januar 1956, Gesetzblatt DDR I, Nr. 11, 97—103.
(104) — Preisanordnung Nr. 561. Anordnung über die Preisbildung für Bauhauptleistungen der volkseigenen Bauindustrie vom 15. Dezember 1955, Gesetzblatt DDR I, Nr. 113, 997—1000.
(105) — Preisverordnung Nr. 570, Verordnung über die Preisbildung für Bauhauptleistungen der privaten Bauindustrie und des Bauhandwerkes vom 26. Januar 1956, Gesetzblatt DDR I, Nr. 27, 225.
(106) — Statistisches Jahrbuch der Deutschen Demokratischen Republik 1955, Berlin 1956.
(107) — Katalog der Typenprojekte und Wiederverwendungsprojekte für landwirtschaftliche Bauten des Instituts für Typung des Ministeriums für Aufbau, Berlin 1956.